U0140146

伊曼紐·馬喬里 EMMANUEL MAGGIORI——著　謝明珊——譯

科技泡沫

熱潮背後是機會還是炒作？
教你識破下一個投資陷阱

HOW THE TECH INDUSTRY SOLVES FAKE PROBLEMS,
HOARDS IDLE WORKERS, AND MAKES DOOMED BETS WITH OTHER PEOPLE'S MONEY

Contents
目錄

第 3 章

前言

科技業為何走向瘋狂？

一位興高采烈的推特員工發布影片，標題是「我在推特辦公室的一天[1]！」，他展示推特的辦公設施，附帶說明：「我從咖啡館拿一杯冰抹茶，正式開始辦公。等一下要開會，我趕快預訂一間超酷的小隔音室，真的有降噪效果喔！我開完會了，正要吃早午餐。你們看多美味。天啊！感動到說不出話來了。」

他的影片繼續展示其他設施：「接著，我走到木屋區，不知道這是什麼耶，但是滿酷的。我和朋友一起玩桌上足球，放鬆一下心情。我還發現一間很棒的靜心室，超有趣。雖然我不做瑜伽，但如果你是瑜伽愛好者，這裡有瑜伽室。下午我還有幾個會議要開，有一堆專案要做。然後我去圖書館繼續辦公。下午當然要來一杯咖啡，所以我弄了一杯濃縮咖啡。下班前我還喝一些紅酒，辦公室隨時有紅酒可喝，接著我走到頂樓，享受晴朗的天氣。」

幾個月後，推特裁掉了 75%的員工。

《華盛頓郵報》（*Washington Post*）記者預測，這波裁員會重創公司營運。那篇新聞指出：「一下子裁掉這麼多人，核心營運團隊只剩下半數人力，甚至可能不小心解僱熟知核心業務的人[2]。」

但推特依然順利營運。三個月後，那位記者承認推特的營運狀況還不錯，只是「服務暫時出了一些問題」，大家對公司發展方向有異議，於是他提出一個疑問：如果推特保有一部分員工，就可以順利營運三個月，那麼到底有多少員工是必要的[3]？後來，推特（之後更名X）又繼續裁員，短短幾年內，員工數比巔峰時期少了90%。

科技業不是只有推特在裁員。自從2020年以來，科技業就劇烈衰退。整個產業都在這股低潮中大幅裁員，不僅新創企業，也包括Google和亞馬遜（Amazon）這些科技巨頭。此外，對科技業的投資也大幅減少，新創企業的倒閉率刷新紀錄。

在此次崩盤前，科技業瘋狂發展。而就在崩盤前幾年，科技業取得史無前例的資金，能夠揮霍於各種事情，例如大肆招募員工，或為辦公室增添豪華設備。

瘋狂的那幾年，科技公司還有足夠的資金去進行一些離譜的實驗。比如有家名為Quibi的新創企業，向投資人募集了10億多美元用以製作短片，並找來了好萊塢一線明星。這些影片會上傳到他們當時尚未正式上線的串流平台，但這家公司從未確認過消費者是否真的想觀賞這類短片。結果平台上線後，觀眾對這些內容反應冷淡，於是這家新創企業只撐了六個月便倒閉收場。

另一家瘋狂的新創企業叫做 Juicero，它推出了要價 699 美元的無線網路果汁機。消費者必須使用原廠水果膠囊才能用這台機器打果汁，而每顆膠囊要價 5 美元。Juicero 向投資人募集了 1 億 2,000 萬美元的資金，用以製造和推廣這台機器。果不其然，買家少之又少，而且買家入手不久就發現，徒手擠膠囊也可以達到和機器榨汁一樣的效果，真是令人失望。

在那些瘋狂的年代，科技產業看似有無限的財力，以至於投資的審查標準變得非常低。例如 WeWork 這家新創企業，雖然商業模式並不合理，依然向投資人募得數十億美元。在這家公司崩盤之前，創辦人甚至私下出售股份，套利數億美元。更慘的例子是 FTX，這家詐騙資金的加密貨幣公司從投資人那裡吸金近 20 億美元，而它的創辦人現已入獄。

科技業已經不是第一次像這樣徹底瘋狂，十年前的網路泡沫就是一個先例。如果情況不改變，這種現象恐怕會一再重演。

即使你跟科技產業的關係不大，這一切仍值得你關心。因為科技業的徹底瘋狂，將會影響我們所有人。例如我稍後會談到，包括退休金、大學學費、政府稅收在內的公眾資金，經常用以資助科技活動，而這些都是**你的**血汗錢。

本書誕生的契機

我是專攻 AI（artificial intelligence，人工智慧）的軟體工程師。從小我就對電腦及各種機器充滿興趣，長大後希望能夠創造實用的東西，而這也是我選擇走這條路的理由。但我在科技業的工作經驗始終無法帶來成就感，就像那支影片中的推特員工，我經常發現自己的工作很少，甚至根本無事可做。

比如，我曾進入一家公司的科技團隊，專門開發尖端軟體（cutting-edge software），這將成為 AI 工程師未來的一大助力。可是我上班第一天就發現，雖然公司僱用數十位工程師，卻還沒確定我們的職責。因此公司讓我在旁邊「待命」，直到有事情讓我做為止。公司付錢讓我「閒著」。聽起來很有趣吧？實則不然，因為我長時間坐在電腦前等待，甚至假裝自己在工作。

我還做過其他科技工作，雖然有事情做，卻往往是在開發一些幾乎沒有上市可能的產品。我的工作有時只是為產品造勢，比如吹捧 AI 的性能，誇大實際效果。我逐漸體會到，要在科技業找到一份有意義的工作簡直難如登天。

因此，我擔心科技業的未來，決定跟別人分享我的經歷。我歸納了自己的想法，撰寫成文章發布在部落格上，標題是〈我在科技業工作多年，卻沒有真正做過事〉（I've been employed in tech for years, but I've almost never worked）。這篇文章迅速流傳，無數科技從業人員聯絡我，分享各自的經歷。許多人坦言，他們工作時經常無所事事並深感失望，因為這並非他們當初選擇這條路的期待。此後，科技業勞動力閒置一事就經常登上國際新聞的頭條。

為何科技業會有這種瘋狂的趨勢？我相信一切事出有因，於是開始埋首研究。為了尋找答案，我與許多科技人員、創業家、創投人士以及經濟學家進行了訪談。我們的對話中反覆浮現相同的主題，比如低利率政策、創投公司失衡的報酬機制、生產力低落的工作模式，甚至還有像龐氏騙局（Ponzi Schemes）這樣的投資騙局。經過多次討論，我決定將這些想法整理成一本書，並在書中分享我個人的發現。除了提供資訊，我也希望增添一點趣味，甚至是荒謬的感覺。因為科技的瘋狂程度，真的會讓人邊笑邊搖頭。

內容編排

第 1 章探討科技業過度樂觀的傾向，投資人經常砸大錢去投資那些需要奇蹟才能夠成功的古怪新創企業。

第 2 章探討科技業對爆炸性成長的執著。我們將看到，有許多新創企業依賴外部資金以快速擴張，結果長年虧損。這種爆炸性成長雖然有時合理，但長期而言不保證能夠獲利。這些助長科技業瘋狂行徑的資金，大多來自創投公司。第 3 章正是要探討創投產業，揭露一些令人憂心的現象。即便投資的表現不佳，創投人士仍瓜分大筆分成。這變相鼓勵創投公司大量而非謹慎地投資，有些人將這個現象稱為龐氏騙局。

第 4 章則會探討政府和中央銀行的政策如何從旁助長科技業的瘋狂行徑。我們將看到 2008 年金融危機後的創新政策，比如量化寬鬆，這都可能讓科技業變得更瘋狂。有時候，政府還會提供新創企業「免費的」資金，企業無須償還，卻讓納稅人買單。

第 5 章探討科技人的工作日常。科技業生產力低落的現象日益嚴重，有許多科技人因此無所事事、忙著處理微不足道的小事，或設計一大堆沒有機會上市的產品。我們會談到無盡的會議、敏捷開發（Agile Development）和精實創業（Lean Start-up）等主題。

而在最後一章，我分享了幾個改善科技產業的建議，以免科技狂潮接踵而來。我也會提供幾個方法，以幫助科技人員和創業家打造更有意義和前景的產品。我們要集思廣益，將科技業導回正途。否則全世界會一直把寶貴的資源浪費在注定失敗的創新提案，甚至是科技人每天喝的冰抹茶上。

第 1 章

仰賴「奇蹟」才能成功的投資陷阱

回顧20世紀90年代末，網路興起帶動了科技產業狂熱。創投公司投入空前的鉅資以支持新興科技的新創企業，其中許多科技公司明明還沒有盈利，就貿然在公開市場出售股票，承諾有一天會迎來可觀的利潤。科技狂潮深深影響其他領域，餐廳紛紛在科技中心附近開業，餵飽飢腸轆轆的程式設計師；旅行社也來擴展業務，為科技人安排出差；投資人甚至拿出畢生積蓄購入尚未盈利的科技公司股票。就連在我那距離科技中心很遙遠的家鄉，軟體工程學位也蓬勃發展，無論是暗中鼓勵還是公開鼓吹，很多家長都希望孩子報讀這個學位。正如大多經濟繁榮的時期，這股科技狂潮影響範圍廣泛，後來被稱為**網路泡沫**。

然而到了2000年，事情突然變了調。科技公司並未實現承諾的獲利，許多公司破產，進而導致無數員工失業，光是矽谷（Silicon Valley）就裁掉二十萬人[1]。其他因為這股熱潮受惠的產業，也因為連鎖效應遭受衝擊，以科技業為主的納斯達克（NASDAQ）股市大跌75%，許多人損失慘重。

你可能以為，經歷過如此慘痛的教訓，世人對科技產業的態度會變得更謹慎。確實如此，但這樣的謹慎並沒有維持多久。

到了21世紀10年代，科技產業熱潮再度掀起，遠遠超過網路泡沫的程度。這次是因為社群網路及共享經濟的新創企業飛速成長，例如Uber和Airbnb。在這段期間，科技產業募得更多資金，作風比以前更加浮誇。2010至2020年期間，創投人士對新創企業的投資暴增九倍，從2010年的400億美元，飆升至2020年的3,420億美元。如果你覺得這已經很誇張，接下來公布的數字更驚人，請先做好心理準備。

一年之後，也就是2021年，投資人在新創企業投注了6,810億美元，這是前一年的**兩倍**，跟十年前比起來更是暴增了十七倍之多[2]。光是在2021年，就有七百八十七家新創企業躋身獨角獸企業之列，亦即投資人認為，該企業評價超過10億美元，並購入其中一部分股份。這相當於每天都有兩家**獨角獸企業**誕生，創下歷史新高，比十年前高出三十倍[3]。獨角獸企業之所以有這個稱號，是因為它本來很稀有，但到了2021年，它們竟隨處可見。十年前，全球只有二十二座城市擁有獨角獸企業；然而在2021年，這個數字增加為一百七十座[4]。

隨著大量現金湧入，科技產業變得異常浮誇。創業家獲得大筆資金，得以試驗違背常理的商業構想。科技公司的辦公室也變得時髦雅緻，擺滿懶骨頭沙發和冰啤酒冰箱，為了凝聚團隊，還會安排員工參加滑雪旅行團。我待過的一家科技公司，甚至還禮聘娛樂公司，為員工策畫一場全城尋寶遊戲。科技公司手上的現金充裕到什麼地步呢？即使沒有多餘的工作，依然堅持延攬優秀人才，以免被競爭對手挖走[5]。這股經濟熱潮一如既往地影響著其他許多行業，包括科技中心附近的餐廳、懶骨頭廠商，甚至尋寶遊戲的策畫公司。大家都受到科技狂潮的影響。

這段瘋狂的時期令人不禁想起網路泡沫。2016 年，有一項針對創投人士的調查，高達 91%的投資人認為，獨角獸企業的市場評價可能過高[6]，但其中一些人仍繼續投資獨角獸企業。2018 年，一位科技策略師警告，目前矽谷科技的泡沫比 2000 年更大，末日即將來臨[7]。

值得注意的是，**你**有一部分血汗錢，竟成了科技狂潮的燃料。科技業募得的資金主要來自創投基金，這些創投公司拿著別人的錢揮灑在別人的公司，而一部分的資金來源，正是大學、退休基金和政府[8]。因此，你繳交的學費、退休金和稅金，一部分都流向創投公司，最終進入科技產業。無論你喜不喜歡，你很可能間接助長了某位創業家的古怪創業構想，或者贊助了科技人的尋寶遊戲。

2021 年破紀錄之後，情勢急轉直下。隨著央行提高借貸成本，新創企業的成長不如預期，科技業嚴重崩盤。2022 年，一些知名科技公司宣布大規模裁員。隨後，其他公司紛紛效尤，接著第一批公司再度裁員，其他公司又跟進。這個現象持續到 2023 年。多次裁員後，亞馬遜解僱了二萬七千名員工，微軟（Microsoft）解僱一萬名，Meta 解僱二萬一千名[9]，而這只是冰山一角。Dropbox、雅虎（Yahoo）、Spotify、戴爾（Dell）、Zoom、PayPal、賽富時（Salesforce）、Coinbase、Vimeo、GitHub 和 Indeed 各自裁員 5 ～ 20％員工。最極端的例子莫過於推特，解僱 75％的員工（總共六千人），隨後繼續裁員。其他知名度不高的科技公司，例如 Waymo 和 Twilio，也陸續引發裁員潮。許多尚未成熟的新創公司也大量裁員[10]。

投資科技業的資金大幅縮水。2022 年，投資額較 2021 年減少了 35％。由於投資總額仍相當可觀，此時有些人依然樂觀。但到了 2023 年，當投資額再次減少 50％，這種樂觀情緒便被徹底粉碎。新興獨角獸企業誕生的速度也急遽下滑，從 2021 年每天兩家，驟減至 2023 年每月僅三家。科技業崩盤嚴重影響其他產業，因為當科技公司現金不足，就會減少購買產品和服務。

我撰寫本書時，全球仍動盪不安，大家還不知道未來會如何。如果情況一如既往，世人終究會遺忘一切，並邁向下一次科技泡沫。

或許有人認為一波波科技狂潮對社會有益，因為科技公司不斷創新、突破極限。我對此抱持懷疑態度。本章將探討投入科技活動的大量心力和資金（一部分是你的血汗錢），究竟有沒有妥善地應用和分配。我們先從新創企業談起，再來探討三種常見的情境，看看世人為何會過度狂熱，紛紛押注那些需要奇蹟才能成功的新創企業。

新創企業

新創企業追求爆炸式成長，所以最受投資人和創業家青睞。新創企業希望用閃電般的速度擴張，盡快搶佔最大市佔率。創業家保羅・葛拉漢（Paul Graham）曾說：

> 新創企業主打的是快速成長。如果只是新成立的公司，不見得就是新創企業。新創企業不限科技產業、不必依賴創投資金，也不一定要有「退場機制」。唯一必要的條件，就是成長[11]。

這個定義很合理，但還要補充一點：大多新創企業不僅追求快速成長，還希望規模越大越好，否則投資人和創業家就會興趣缺缺。這些人想分到一塊夠大的蛋糕。這就是為什麼新創企業大多希望顛覆產業或者改變大眾的生活方式，成為下一個 Uber 或 Airbnb；這也是為什麼新創企業專攻像 AI、區塊鏈（blockchain）和元宇宙（metaverse）這樣可能開天闢地的新科技。

新創企業不一定要開發軟體，但絕大多數都是做這個的，因為軟體開發格外容易實現其他產品難以達成的爆炸式成長。比如銷售實體產品難以快速擴張，因為生產每個單位的成本相當高昂。若是提供服務，成長速度也不快，因為只要業務擴張，公司就必須僱用更多人。

軟體就不一樣。一旦軟體編寫完成，就可以服務大批用戶，而且幾乎不會有額外成本。尤其是擁有一個中央伺服器、讓用戶可以透過瀏覽器或應用程式開啟的軟體，比如 Spotify 的音樂播放器、Netflix 和 Uber。這種模式讓用戶不需要特殊設備就可以使用，軟體更新也立即推送給所有用戶。它被稱為「軟體即服務」（Software as a Service, SaaS），早已是投資人的最愛。我一位朋友甚至開玩笑說：「如果想引起投資人的注意，只要說自己正在打造 SaaS 新創企業，哪怕是衛浴管理 SaaS 也可以的！」

新創企業通常向投資人籌措資金，讓自己能夠起步並成長。「投資人」一詞，可以指稱個人或機構，他們負責決定如何分配別人的資金，而不是用自己的錢進行投資。自古以來，投資新創企業就是一件高風險的事，因為這些公司有很多不確定性，其中一個就是市場對產品的反應：「客戶會不會喜歡？會不會使用？會不會為此付費？」另一個不確定的來源則是技術挑戰：「產品開發的過程會不會順利？會不會面臨意外的阻礙？」這個產業的風險高，投資人對自己的選擇感到自豪，自認做好了嚴格的把關。然而我們接下來會看到，這些人做出的選擇往往不合常理。

奇蹟 1：市場奇蹟

2014 年，一位二十歲的英國青年剛從法律系畢業，他發現許多同齡人都在為錢煩惱，也對自己的銀行感到不滿[12]。於是他決定創辦一間銀行，為學生和千禧世代量身打造。既然要滿足年輕人的需求，他特別設計一款應用程式，幫助年輕人制定預算、追蹤支出和存錢。

這家銀行名叫 Loot，它向英國知名西裝襯衫品牌 Charles Tyrwhitt 的創辦人募得了種子資金。有了這筆資金，

Loot 團隊迅速推出第一個版本的應用程式。Loot 創辦人說：「我們提供類似傳統銀行帳戶的活期帳戶，此外還打造很多新科技來幫助用戶管理資金，包括即時預算管理，讓用戶精確掌握今天可以花多少錢，免費兌換國外貨幣，以及鼓勵存錢等『目標功能』。我們希望用戶關注今天的花費，所以一打開應用程式，預算管理的圓圈最顯眼[13]。」Loot 打算像傳統銀行一樣，透過提供「貸款、財富管理和外匯交易」等服務來賺錢。

然而，Loot 遇到嚴峻的考驗。這是大多數新創銀行常見的問題，因為營運成本高、營收低，收支難以平衡。Loot 是新創銀行，無法自行開展像是發卡和開戶這類銀行業務，如果要取得銀行營業執照，成本高達數千萬美元，且耗時數年。因此，Loot 必須聘請有執照的第三方銀行代為執行。但是第三方銀行的服務費非常高，每月數以萬計，外加每個活期帳戶的額外費用。如果帳戶不常使用簽帳金融卡，有些銀行還會罰錢。因此，經營數位銀行的成本高得嚇人。

而且 Loot 從每位客戶獲得的營收極低。一般而言，數位銀行至少要有兩百萬名常客才能夠勉強打平收支。然而Loot 的目標顧客是經濟拮据的學生，從這些人身上賺錢恐怕更難。此外，Loot 預期有一部分營收來自財富管理服務，這也不太適合學生客群。

但 Loot 最大的挑戰，或許是激起學生和千禧世代對於管理預算和追蹤支出的興趣，也就是這家銀行提供的主要服務。當時有許多預算管理工具，也確實有一些學生正在使用，但似乎不太熱衷。我的直覺也告訴我，學生通常不在意預算。Loot 成立時我正好是拮据的學生，我的同齡人們也是如此。但我不記得有誰想要編列預算或追蹤開支——我們只是從各方面盡量去節流，例如即使天氣惡劣，依然堅持用腳踏車代步，還有一律在家吃。Loot 還要面臨與傳統銀行的激烈競爭，這些銀行早已提供預算管理工具。雖然當時還不夠親民，但只要市場有這個需求，傳統銀行隨時可以改進，強勢對抗 Loot。

既然成本高、營收低、市場冷淡、競爭激烈，Loot 只能靠**市場奇蹟**取勝，讓自己成功營運，帶給投資人豐厚的報酬。例如突然之間，學生很重視預算，而且還要夠熱愛 Loot，願意放棄原本的銀行，轉而使用 Loot；其他銀行要剛好都坐以待斃，不提供顧客良好的理財工具；Loot 所服務的窮學生客群，也要頻繁使用簽帳金融卡，並且申請貸款，為 Loot 創造意想不到的高收益。此外，這家新創企業要快速成長和創造收入，以免高昂的營運成本吞噬投資人的資金。然而，要滿足這些條件，機率極其渺茫。

雖然這需要市場奇蹟，卻沒有嚇跑投資人。2016年，Loot向奧地利的Speedinvest以及德國的Global Founders Capital兩大創投公司籌措到總共150萬英鎊的資金。同年，Loot又向同一批投資人募得250萬英鎊。

到了2017年，Loot成功吸引五萬名客戶。這是極大的成就，但仍遠低於兩百萬名客戶，可見這個業務並不可行。它每月的開支高達50萬英鎊（我之前不是說過嗎？銀行的營運成本不低）。Loot的資金**跑道**非常短，如果沒有新資金挹注，便無法長期營運。Loot向投資人募集到的400萬英鎊很快就燒光了。

幸好有創投公司伸出援手。除了加拿大鮑爾集團（Power Corporation）的加拿大基金，還有其他基金出手相助，總共募得220萬英鎊。這筆錢只能讓Loot苟延殘喘四個月左右，但投資人似乎樂意等待，期待在那段時間內發生市場奇蹟。

幾個月過去，Loot保持適度的成長，但又陷入赤字。2018年，蘇格蘭皇家銀行的創投部門出手相救，投資300萬英鎊。然而，由於Loot開支過高，這筆資金很快就用完了，於是六個月後，蘇格蘭皇家銀行又拿出 200 萬英鎊，幫助 Loot 延續幾個月生命。

隨著時間流逝，大家所祈求的奇蹟並沒有出現。根據新聞報導，Loot 總共開了二十萬個活期帳戶，但客戶對於該銀行的功能似乎不太熱衷，不常使用簽帳金融卡。學生最感興趣的並不是應用程式的預算管理工具，而是 Loot 簡易的開戶流程。但這個服務也引來詐騙集團，Loot 要處理非常多的詐騙交易。

2019 年 5 月，距離上一輪募資過後僅僅五個月，Loot 就幾乎耗盡所有現金，只能再營運兩個月左右。公司以為會有新一輪融資，甚至可能讓蘇格蘭皇家銀行收購。然而這一切並未發生，Loot 最終宣告破產。一位負責清算的律師說：「Loot 的產品吸引大量的目光和讚譽，只可惜營收不足，無法應付長期的營運成本，董事會也無法募得更多資金[14]。」這個結果不令人意外，事實上，這就是最可能的結局。

我們可以從 Loot 的真實案例看到科技業常見的趨勢：投資市場奇蹟。投資人對那些成功機會渺茫的企業，竟懷抱極大的信心，希望市場反應會出奇地好。這一類不成熟的新創企業，向投資人募得的數百萬資金，整體而言不是多高的金額。然而，這些投入新創企業的資金，在 2021 年佔了創投資金的 40%，相當於 2,000 億美元。這種對市場奇蹟的投資金額，有時高到莫名其妙的地步。

2013 年，一位在曼哈頓開過果汁店的創業家成立新創企業 Juicero，開發了一款支援無線網路連線的高科技果汁機，讓用戶在家榨果汁。它的商業模式類似 Nespresso 膠囊咖啡機，用戶須購買一次性的原廠水果膠囊，放入機器壓榨。這款華麗的果汁機，定價 699 美元。即使售價已如此高昂，依然不敷製造成本[15]。每顆水果膠囊則介於 5 至 7 美元，有八天的保存期限，機器會掃描膠囊的 QR 碼以驗證膠囊的時效。Juicero 創辦人自稱為「果汁界的賈伯斯」[16]。

接下來三年，投資人提供 Juicero 1 億 2,000 萬美元的驚人資金，協助開發和上市。投資人包括凱鵬華盈（Kleiner Perkins），這是全球聲望最高、歷史最悠久的創投公司之一，曾領先其他家創投公司在矽谷沙山路（Sand Hill Road）開設辦事處，這可是創投公司密度最高的地段。另一個著名投資人是 Google Ventures，這是網路巨頭 Google 的創投部門。

Juicero 的一大挑戰，正是缺乏穩定的市場。誰會願意先花 699 美元買一台果汁機，之後想榨杯果汁還要再額外花 5 到 7 美元？這個構想並不符合常理，有些人聽了還以為是愚人節玩笑[17]。

但投資人期待 Juicero 掀起奇蹟。有人盼望 Juicero 一舉成為果汁界的 Nespresso，卻忽略了兩者明顯的差異。製作濃縮咖啡需要昂貴的設備，因為得一次把極大的水壓灌入咖啡粉。但是榨果汁簡單多了，不需要這麼專業的設備，更何況 Nespresso 的機器和膠囊價格都比 Juicero 便宜許多。

2016 年 3 月 Juicero 上市後根本賣不到幾台，市場奇蹟並沒有出現。六個月後，執行長辭職，由可口可樂前北美總裁接任。為了提升銷量，2017 年初，他將果汁機的價格從 699 美元調降至 399 美元。但即使是調降後的優惠價，也燃不起人們的興趣，銷量依然低迷。此外，用戶開始反映，徒手擠壓水果膠囊就可以得到相同的果汁，根本不需要機器[18]。

2017 年 7 月，執行長宣布：「399 美元的果汁機，以及 5 到 7 美元的膠囊，並沒有實現我們期待的使命。」公司每個月損失 400 萬美元，宣布裁員 25%[19]。兩個月後，Juicero 宣告破產。有人說這是「矽谷最愚蠢的例子[20]」，有人說這是「荒謬的矽谷新創產品，雖然募得鉅資，卻沒有解決任何實際的問題[21]」。但投資人似乎不這麼想，甚至主動為 Juicero 辯解，說：「Juicero 是反菁英政治與媒體氛圍的犧牲品[22]。」

新創企業似乎常拿著資金，開發成功機率渺茫的產品。最近我把這些擔憂告訴一位投資人，他向我解釋，說投資人就是要支持那些面臨市場風險的公司：「如果創業家確信產品需求很大，直接找銀行貸款不就好了！」他補充說明，支持有市場風險的新創企業可以鼓勵創新。

市場對新產品的反應未必盡如人意，這是新創企業失敗的主因之一[23]。葛拉漢說過：「顯然，人應該專心解決既有的問題，但新創企業最常犯的錯誤，就是解決根本不存在的問題[24]。」

這樣看來，投資人不是在支持「成敗未卜」的產品，更多時候其實是在支持「除非有奇蹟發生，否則注定失敗」的產品。當投資人支持 Loot 或 Juicero 這些公司時，它們並非成敗未卜，而是極可能，甚至確定會失敗。市場反應冷淡早有預兆，並且這樣的商業模式並不可行。

有一種觀點認為，這種滿懷希望的投資，在 21 世紀 20 年代初格外普遍，當時有一股科技狂熱。2022 年，科技記者哈桑・喬杜里（Hasan Chowdhury）曾說：「最近，無論點子有多麼愚蠢，幾乎都拿得到創投資金[25]。」這種觀點早在網路泡沫之後就存在，商管教授奎因・米爾斯（D. Quinn Mills）於 2001 年便說過：「沒錯！資本市場確實發揮作用把資金導入了網路泡沫所代表的新產業，只可惜挑選新創企業的眼光差了點[26]。」

奇蹟 2：技術奇蹟

BenevolentAI 是一家英國科技新創企業，期許自己能顛覆製藥產業，加快新藥研發的速度。新藥研發的過程通常很慢，任何一款候選的新藥都要歷經冗長的臨床試驗，以確認藥物的安全性和藥效。此外，有許多候選藥物未能通過試驗，導致大量的心力白白浪費。

BenevolentAI 承諾用 AI 來解決問題，聲稱 AI「理解疾病成因的能力超越人類科學家」，能夠「迅速大規模生成候選藥物[27]」。甚至還宣稱，AI 生成的候選藥物「比起傳統方法開發的藥物，更容易通過臨床試驗[28]」。

前述承諾太過吸引人，這家新創企業因此於 2015 年募得 8,700 萬美元，又於 2018 年募得 1 億 1,500 萬美元，其市場評價超過 20 億美元，正式成為獨角獸企業。一年後的 2019 年，這家企業再募得 9,000 萬美元；2021 年，其股票於阿姆斯特丹泛歐交易所（Euronext Amsterdam）上市。

問題是，沒有人知道AI能否實現BenevolentAI的承諾。事實上，目前尚未有任何可行的方法。藥物研發專家德瑞克・洛夫（Derek Lowe）說：

我完全不確定AI能否徹底解決這個問題。我們確實擁有足夠的數據，但需要專家幫忙解讀。儘管如此，我認為更大的挑戰在於，我們對細胞、生物體和疾病的理解遠遠不夠。AI很擅長挖掘現有的數據，所以很期待它會提醒我們：「嘿！這裡有個重大發現，你們居然沒注意到。」但如果要AI幫忙生成新的知識，這就是另一回事了[29]。

儘管有這些疑慮，BenevolentAI仍嘗試採用AI專利科技來開發一套藥物研發方法，藉此推動新藥。有一款治療皮膚炎的藥物BEN-2293，正是由AI發現的旗艦藥物。2023年，BEN-2293的臨床試驗結果備受期待，某新聞網站甚至以「BenevolentAI正邁向偉大之路」為標題發表了一篇新聞[30]。

然而，這款藥物並未通過試驗[31]。雖然證實沒有安全疑慮，但治療皮膚炎的成效竟然比安慰劑還差。一個月後，公司宣布裁掉一半員工，並減少新藥研發的支出[32]。

由於 AI 研發藥物的成效不佳，BenevolentAI 決定轉而開發「一系列新的 AI 產品，包括自然語言生物醫學查詢系統」[33]。這大概是一款生成式 AI，結果公司股價因此暴跌 90%。

BenevolentAI 只是其中一個例子。有無數科技新創企業在成立之後成功募得資金，卻用於開發沒有人知道怎麼做的產品。我最近參加了巴黎國際航空展（Paris Air Show），這是航太公司展示產品的貿易展。會場有一個角落展示了新創企業生產的前衛飛行器，名叫 eVTOL，也就是電動直升機，或稱「飛天車」。這些飛行器看似製造完成，開放參觀人士輪流乘坐。其中，由矽谷新創企業 Archer 所設計的 Midnight 飛行器格外吸睛。

Archer 對外承諾，未來會採用 Midnight 飛行器在城市周邊部署全面空中計程車服務，費用就跟 Uber 的高級服務 Uber Black 一樣[34]。它甚至誇下海口，未來每年會新增一千輛空中計程車[35]。

然而，這裡有一個陷阱。會場上展示的飛行器全部都是樣機，都還無法飛行。 Archer 的原型機從未升空，首次飛行一延再延。航空展結束後兩個月，Archer 的主要競爭對手，英國新創企業 Vertical Aerospace 的飛行器進行試飛，卻不幸墜毀[36]。

截至我撰寫本書時，沒有人知道該如何製造安全有效的 eVTOL，電池重量仍是最主要的難題。若 eVTOL 要飛行一段距離，就需要更大的電池。但電池越大，重量就會越重，甚至重到無法起飛。

就算原型機成功起飛，未來有沒有機會商業化仍是未知數，因為續航力和載運量有限。例如 Archer 空中計程車最多能載送四名乘客及隨身行李，但不得攜帶行李箱搭乘。由於續航力有限，Archer 空中計程車在每次航程之間，都必須充電數分鐘[37]。

此外，空中計程車還要接受政府的監管，飛行器的設計要取得相關機構的認證，例如美國聯邦航空管理局（Federal Aviation Administration, FAA）。認證過程通常很漫長，加上 eVTOL 是個新發明，恐怕會比一般情況耗時更久。更何況，不只飛行器的設計需要認證，公司還要另外取得商業航空業務認證。eVTOL 新創企業卻紛紛承諾將在「一年內」推出空中計程車服務，這個時程並不務實。一來監管很嚴格，二來這些飛行器還沒辦法飛。如果真的有空中計程車，或許會改變未來的交通方式，但截至今天為止，仍未有明確的路徑可以實現這個目標。

即使面臨各種挑戰，也沒有嚇跑投資人。光是 Archer 一家公司，就獲得 4 億 5,000 萬美元的投資[38]。更令人驚訝的是，2022 年，巴黎啟用了首座**垂直起降港**（vertiport），專為空中計程車而設，包含降落坪和小型客運站，內有登機區和安檢區[39]。不久又有五個垂直起降港透過來自政府和民間的資金開始動工，希望趕在 2024 年奧運前完工，開放參加者使用。但這是不可能的，到了那時，空中計程車還是不可能飛上天，遑論獲得認證。2024 年初，距離奧運只剩下五個月，空中計程車公司和監管機構終於坦言，這個目標無法達成[40]。

新創企業打造新產品難免會面臨技術風險，任何工程專案都一樣，大家很難預測開發產品有多麼困難、會碰到什麼意想不到的阻礙。但 BenevolentAI、eVTOL 和類似的新創公司跟一般工程專案不太一樣，它們若想成功，更需要**突破性發現**。BenevolentAI 仰賴空前的 AI 科技，eVTOL 需要更輕盈、更小巧的儲電方式。針對後者，記者艾瑞克·約翰森（Eric Johansson）曾說：「全球企業紛紛投注加倍的時間以研發更好的電池，例如尋找新的化合物來替代目前常用的鋰離子電池，擴充新一代電池的儲電能力。然而，在這些研究開花結果之前，飛天車或許只能停留在幻想階段[41]。」

大家總以為只要僱用大批工程師、逼他們長時間解答問題，就可以「買到」突破性發現，但情況通常並非如此。如果真是這樣，BenevolentAI 早已成功用 AI 開發藥物，空中計程車早該在大城市飛來飛去。投資人有時可能會辯解，「這只是時間的問題」，但如果只是這樣，為何多年來投入數十億美元，仍無法實現許多夢寐以求的發現呢？

自動駕駛汽車就是典型的例子，證明即使再有錢，也買不到突破性發現。當自動駕駛汽車遇到異常情況總會無所適從，若要解決這個問題，就必須開發出全新的 AI 技術，這樣即使面對特殊情境，車輛也能夠保持穩定。這個產業已獲得 2,000 億美元的資金，但這項技術依然尚未開發出來。因此目前最接近自動駕駛的車輛，只限於特定區域和時段運行，一旦碰到不熟悉的環境，仍會無所適從。Uber 曾努力開發自動駕駛汽車，但徒勞無功。其中一位投資人曾說：「我們投入自動駕駛汽車的 25 億美元，可能都白白浪費了[42]。」由此可見，如果只是錢的問題，現在自動駕駛汽車應該滿街跑了。

實際上，突破性發現往往是隨機產生的。愛因斯坦

（Albert Einstein）任職於專利局時，利用閒暇時間想出狹義相對論。因為培養皿長了黴菌，讓亞歷山大・佛萊明（Alexander Fleming）意外發現青黴素。有時候，多個實驗室多年來解決不了的難題，換一個實驗室接手卻立刻破解。哪種電池可以實現空中計程車的構想？沒人能預料這個答案藏在哪裡。

新創企業已習慣給出承諾，說要打造最終的產品（例如推出收費跟 Uber 差不多的空中計程車），卻不敢承認自己毫無新發現導致目標難以實現。忽視真實的困境就只能奢望技術奇蹟，只可惜這種奇蹟少之又少，因此有許多新創企業陷入失望或失敗，也錯失在這個領域實際進步的機會。像 Uber 想要開發自動駕駛汽車，是為了靠這個技術轉虧為盈、改善虧損，但只要認清這件事的難度，或許就會集中心力改善既有的商業模式。

努力研發不見得會有成果，但研發的價值不容否定，因為新發現總會在某處誕生，所以仍值得我們努力。不過，我們要分清楚什麼是在解決難題，而什麼是逃避問題。

奇蹟 3：人才奇蹟

2018 年，一位備受矚目的創業家成立新創公司，目標是顛覆影片串流的世界。公司最初命名為 NewTV，不久改名為 Quibi，意指「快速小片段」（quick bites）。這位創業家曾是夢工廠（DreamWorks）的聯合創辦人和執行長，夢工廠以《史瑞克》（*Shrek*）和《馬達加斯加》（*Madagascar*）等成功動畫聞名。他任命的另一位執行長背景同樣顯赫，此人曾在 eBay 擔任十年的執行長，也曾經任職於迪士尼和夢工廠等娛樂公司。

Quibi 想為千禧世代客群設計行動裝置專用的串流服務，推出類似抖音（TikTok）的短片，但是由好萊塢一流團隊製作。因此它的定位介於抖音和 Netflix 之間。Quibi 製作的每支影片時長大約十分鐘，使用者必須每個月花錢訂閱。許多人對此抱持高度懷疑，這個構想真的會有市場嗎？ Quibi 推出前幾個月，《富比士》（*Forbes*）有一篇文章指出：

> 那些不看好 Quibi 的人，壓根不相信這項服務的基本前提。找來好萊塢名人、以高水準製作傳統好萊塢風格的節目，真的能吸引以行動裝置和千禧世代為主的觀眾群嗎？有沒有 A 級「品牌」加入，例如金獎導演吉勒摩・戴托羅（Guillermo Del

Toro）和彼得·法拉利（Peter Farrelly），一起創作獨家的優質內容，千禧世代真的在乎嗎？這種傳統的好萊塢名人效應，真的管用嗎[43]？

就連好萊塢業界人士也提出質疑：「把《冰與火之歌：權力遊戲》（*Game of Thrones*）分成一段八分鐘的片段來觀賞，跟我自己按下暫停鍵有什麼不同[44]？」

儘管質疑聲浪不斷，Quibi 仍堅持不做研究來驗證市場需求。不對原型進行測試，也不設計試播內容以確認觀眾會不會動心。大概是因為公司領導團隊背景過於顯赫，這種不認真做功課的態度似乎並未勸退投資人。Quibi 還沒推出產品，甚至還沒半個訂閱用戶，就募集到了高達 17 億 5,000 萬美元的驚人資金。他們花費 11 億美元製作原創內容，其中一個節目的製作成本甚至高達每分鐘 10 萬美元[45]。

然而，大家普遍認為這是一場大實驗。評論家坦承，這個計畫有可能成功，也可能失敗。派拉蒙影業（Paramount）前執行長毫不諱言，說這是一場「豪賭」，並表示：「這是有雄心和膽試的投機行動。大多數人聽到這個構想，並不會立刻認同，所以更需要堅持的勇氣[46]！」

為了製造話題，Quibi 趁推出之前花費數千萬美元大打廣告，但這些廣告跟目標觀眾嚴重脫節。例如，Quibi在奧斯卡頒獎典禮打廣告，但奧斯卡的觀眾年齡平均落在五十六歲；Quibi 也在超級盃（Super Bowl）打廣告，三十秒的廣告主要都在介紹公司本身，而非展示可以讓潛在觀眾先睹為快的內容片段。有新聞報導指出，高達 70％超級盃觀眾誤以為 Quibi 是一款外送服務的應用程式[47]。

等到 Quibi 正式上線，內容也沒有獲得廣大迴響。大多數人不喜歡 Quibi 的影片格式，《衛報》（*The Guardian*）有一篇文章指出 Quibi 提供「一大堆沒意義的內容，消化得快，忘得更快[48]」。過了幾週，美國娛樂新聞網站 Vulture 刊出一篇文章，指出 Quibi 的節目「相較於其他平台的類似內容，不僅顯得廉價，也缺乏記憶點[49]」。而最有說服力的評價當然來自 Quibi 的用戶。Quibi 上線當天在蘋果（Apple）App Store 排名第三，但僅僅兩個月便滑落到兩百八十四名[50]。

有些人認為這是因為新冠肺炎讓通勤的機會變少，導致用手機觀看短片的需求降低。然而抖音受歡迎的程度，卻在疫情封城期間暴增[51]，因此這個說法不完全合理。

Quibi 原本預計一年內吸引七百萬名付費訂戶，但上線六個月後訂戶僅有五十萬人[52]。公司僅收到 330 萬美元的訂閱費，這跟動輒超過 10 億美元的製作費相比顯得微不足道，而且營收不斷下滑[53]。

由於市場接受度不佳，Quibi 於上線六個月後關閉。創始團隊發布了公開聲明，這樣對外解釋：

> Quibi 未能成功，可能有兩個原因：一是構想本身不夠好，無法支撐一整個獨立的串流服務，二是時機不對。只可惜，我們無法得知確切的原因，但我們懷疑這兩個都有影響。推出服務時，疫情剛好爆發，這不是我們可以預料的，但其他企業也面臨空前挑戰，卻有找到出路，只是我們失敗了[54]。

Quibi 的公開聲明還說：「我們是創業家，本能是調整策略，探索每個可能性，尤其在還有資金的情況下。但我們覺得別無選擇，不得不做出這個痛苦的決定，結束業務並將資金還給投資人，優雅地跟同事告別。」公司留下 3 億 5,000 萬美元，但仍有高達八成的資金付諸流水[55]。

如同許多新創企業，Quibi 有部分資金來自普羅大眾。例如，其中一位投資人是未來基金（Future Fund），這個組織背後是無數的納稅人，代表澳洲政府管理數十億的資金。官網寫著公司目標是「為澳洲未來的世代投資[56]」，卻在 Quibi 投入 5,000 萬美元[57]。

投資人往往有一套精心設計的策略，把風險降到最低並為此感到自豪。而其中一個大原則，就是投資新創企業時應該一步一步來，而非一次投注大筆資金。不直接投資一大筆錢，而是依照目標劃分多輪投資，唯有當目標達成，才會解鎖下一輪投資。因此，我們經常聽到**種子前輪**（pre-seed）和**種子輪**（seed）融資，這些多半是百萬美元以下的小額資金，為了幫助新創企業起步。當新創企業展示產品的吸引力，即使還不完美，就可以展開下一輪融資，稱為 **A 輪**（Series A），此時的資金大約是 1,000 萬美元，用來穩固業務。接著是 **B 輪**（Series B）、**C 輪**（Series C）等，每次通常是 5,000 萬以上，以達到爆炸性成長。每一輪的關鍵都相同，那就是驗證前提假設，例如向投資人證明消費者會喜愛公司的產品，或者客戶會願意長期訂閱。

然而，從 Quibi 的案例可以看出，投資人不見得會乖乖遵循自己的策略。在這個案例，投資人放棄逐步投資的大原則，一次在 Quibi 身上投注 17 億 5,000 萬美元，也沒有驗證潛在顧客的興趣。某產品經理質疑，如果有徵求潛在顧客的意見:「應該會聽到一些質疑，比方在廁所看抖音、

Instagram 和 YouTube 都是免費的，何必要用 Quibi ？都已經訂閱了 Netflix 和 Prime，何必還要訂閱 Quibi[58] ？」主要原因是創辦人經歷亮眼，但這或許只是藉口。

新創企業 Mistral 可能也會步上這個後塵。法國 Mistral 公司成立於 2023 年 6 月，希望從歐洲出發，力抗 AI 巨頭 OpenAI，因此在策略備忘錄寫道：「目前 AI 領域主要都是美國公司，歐洲尚未有真正的強力競爭者[59]。」

然而 Mistral 並沒有說明自身業務，僅在備忘錄承諾會針對生成式 AI 推出「比現在更好的產品」，並採用「優質數據」，卻沒有提出具體構想。他們還承諾提供「無與倫比的安全隱私保證」，但也沒有說明實際做法[60]。

此外，其商業模式也不明確。Mistral 的備忘錄還說，他們為了盈利，會把最強大、最專業的 AI「保留給特定客戶」。然而另一方面，又說為了跟競爭對手區隔，公開展示其技術細節。Mistral 還提及一些模糊的盈利方式，例如「找集成商或顧問公司合作，簽訂商業合約，提供完整的解決方案」。備忘錄也寫道：「我們將一邊開發技術，一邊探索並確認最佳的商業模式[61]。」

看到如此草率的提案，你可能認為沒有人會投資 Mistral。然而，Mistral 依然向一些創投公司和法國政府募得高達 1 億 300 萬歐元的驚人資金[62]。Mistral 在沒有實際產品或商業計畫的情況下竟然可以募得如此多資金，主因在於創始團隊資歷亮眼。團隊成員自大學以來就彼此認識，他們全數出身 AI 專業，其中一人曾在 Google 的 DeepMind 工作，另外兩人也曾任職於 Meta。這次領投的基金經理人表示：「全球只有八十到一百人，擁有他們這樣的資歷[63]。」他還補充說明，要經營一家 AI 新創企業，需要大量的資金以建立運算能力和延攬頂尖人才，所以需要這麼多的前期投資。幾個月來，Mistral 官網只寫了一句話：「我們正在組建一支世界級團隊，開發最佳的生成式 AI 模型」，並附有職缺列表。

這就像 Quibi 的例子，Mistral 的投資人覺得標準的盡職調查（due diligence）可以直接省略，並且一再重申這些新創企業成員的非凡經歷讓人非常有信心，這就是把希望寄託在人才奇蹟上。Mistral 或許有達標的一天，但不代表這就是負責任的投資。

Quibi 和 Mistral 都是「無害」的例子，但可見盡職調查的標準正在下滑。然而，有一些可怕的案例是投資人反覆投資那些有詐騙嫌疑的新創企業，最知名的例子包括 Theranos 和 FTX。這兩家公司分別從投資人那裡取得 7 億

2,400 萬美元以及 18 億美元，事後才發現嚴重的詐騙行為。FTX 前員工說：「想想那些投資 FTX 的人，他們可以看到公司所有的財報，卻依然投入數億美元[64]。」之所以會有這種現象，有一個常見的原因是，創辦人的個人形象太好了，導致投資人無法自拔。說到 FTX 的創辦人，美國歷史學教授瑪格麗特・歐瑪拉（Margaret O'Mara）表示：「他穿著卡其色短褲，跟布萊爾（Tony Blair）及柯林頓（Bill Clinton）同台，那種隨性的態度就是故事的一部分，任何觀眾看了都無法抗拒[65]。」

科技產業之所以可以在最近一波科技狂熱中募得大量資金，就是用犧牲盡職調查換來的。記者布魯克・馬斯特（Brooke Masters）指出：「矽谷資深交易員發現，創投人士正逐漸放寬標準，不再認真篩選和培育最聰明的創業家，而是四處撒錢[66]。」

我詢問一位創投人士，想知道他們有沒有做足盡職調查。他回答：「看看 Theranos 和 FTX 的例子吧！當你在廚房發現一隻蟑螂，或許你不會想問『還有沒有其他蟑螂』嗎？但你心裡知道答案。」

投資「奇蹟」的後果

這種投資奇蹟的趨勢引發了一些不良的後果。首先，許多科技人員過得很不開心。這些人加入科技公司，往往是想開發實用的產品，讓自己能夠派上用場，而這也是公司徵人啟示所寫的內容。然而在工作了一段時間後，他們發現自己開發的產品有明顯的缺陷，只有奇蹟能拯救它。理想情況下公司應該會因此改變方向，然而大多時候卻事與願違。於是士氣瞬間變得低落，員工灰心喪氣，甚至無所事事。

一味追逐奇蹟，人才就無法適得其所，執行真正有用的計畫。真可惜，有許多產業明明可以靠科技提升效率，卻因為不符合新創企業的模式而不受重視。

例如一位航太工程師曾跟我說，商業衛星公司發射衛星前，總是使用雜亂的 Excel 試算表來協調地面後勤工作。但試算表經常遺失，或有資料過時的疑慮，因而導致延誤。另一位工程師也提到，飛機維修紀錄依然以紙本保存，若飛機更換航空公司，新東家要複查所有紀錄就會很麻煩。

一位化妝品牌經理告訴我，各家百貨公司的銷售紀錄都是透過電子郵件發送，而且格式不一，難以全面掌握銷售情況。如果有才華的科技人員能改善這些過時的流程，而不是開發什麼「專為千禧世代設計的銀行產品[67]」或無線網路果汁機，豈不是更好嗎？

接下來，我們來聊聊資金。投資奇蹟這件事，就是拿別人的錢去玩危險的遊戲，希望整個投資組合中有一家新創公司能創造奇蹟，這樣就可以彌補其他損失。這確實有可能發生，但機率有如中樂透。長期採行這種策略，平均表現真的好嗎？其實不然（我們之後再來討論這個問題），由此可見，創投公司可能一直在幫倒忙。

這跟你有關，你還記得吧？**你**一部分的血汗錢都拿來支持這些投資。比如說 Loot 的最大投資人就是蘇格蘭皇家銀行，該銀行承諾向這家新創企業投資 500 萬英鎊，而這家銀行大部分的股份都是由英國納稅人持有。值得注意的是，2008 年金融危機期間，它還從政府那裡拿到了 450 億英鎊的紓困金[68]。

在英吉利海峽的另一邊，法國納稅人不僅資助 Mistral，還在幾乎不可能有空中計程車降落的情況下，為 2024 年奧運建造了好幾座虛幻的垂直起降港。在大西洋彼岸，安大略教師養老金計畫（Ontario Teachers' Pension Plan）管理十四萬八千名教師的退休金，卻向詐騙公司

FTX 投資了 9,500 萬美元。加州公務員退休基金（California Public Employees' Retirement System, CalPERS）則向一家創投公司投資 3 億美元[69]，而這家創投公司又向 FTX 投資了 3,800 萬美元[70]。即便如此，加州退休基金仍決定**加碼**投資創投公司[71]。澳洲納稅人資助奢華的 Quibi，隨後有更多國家跟進，比如墨西哥主要的退休基金便向創投公司投入 1 億美元[72]。無論你怎麼看，公眾資金（包含你的血汗錢）正直接或間接資助創投公司，把錢撒在仰賴奇蹟的投資上，助長科技業的奢華浪潮。

第 2 章

與其追求爆炸性成長，不如建立護城河

幾年前，我去面試一家快速成長的新創企業。面試結束時，公司經理開放我提問，我便問他打算如何盈利，因為他們所在的產業利潤空間極低，而且競爭激烈。他卻回覆我，公司的目標是盡可能快速成長，賺錢的事以後再考慮。「這就是新創企業的路線。」他補充說道。

新創企業的路線就是大肆撒錢，以換取快速成長。這導致新創企業多年來不斷虧損，只能靠投資人持續加碼。例如共享辦公室公司 WeWork 拿著投資人的資金來補貼價格，以跟對手削價競爭。一家共享辦公室的老闆說：「每張辦公桌的平均月費是 550 美元，這個價格只能勉強支撐。然後 WeWork 來了，我只好再降到 450 美元，接著降到 350 美元。這完全毀了我的生意[1]。」另一家共享辦公室老闆則說：「這樣的價格**根本沒有人**能賺錢。但他們不斷壓價，壓得比所有人都便宜。這就像拿著無底線的資金，逼得其他人無法生存。」有些人把這種行為稱為掠奪式定價（predatory pricing）[2]，這幫助 WeWork 光速成長，並擴展至國際市場。

新創企業為了刺激成長，也會大手筆舉辦行銷活動。專門製作高科技健身腳踏車的新創企業派樂騰（Peloton），在全球各地的高檔街區開設大型門市，比如曼哈頓的麥迪遜大道和倫敦的國王路；影音串流公司 Quibi 則在超級盃賽事投放高成本廣告。新創企業還會投入大量資金，不斷為產品新增功能，有時候這麼做竟然只是為了「試探」用戶的需求。

如果新創企業賺到錢，勢必會把所有利潤都拿去刺激成長。與之相反地，傳統企業會把一部分利潤分配給股東，但這通常不是新創企業的做法。事實上，投資人甚至會主動否決這種分配方式。

來看看圖表 1，Spotify 自成立以來的年度淨利（收入減去支出）。

圖表 1　Spotify 成立以來的年度淨利

年份	最終淨利（美元）	年份	最終淨利（美元）
2009	-2,000 萬美元	2017	-13 億 9,600 萬美元
2010	-2,900 萬美元	2018	-9,200 萬美元
2011	-4,700 萬美元	2019	-2 億 800 萬美元
2012	-8,800 萬美元	2020	-6 億 6400 萬美元
2013	-6,600 萬美元	2021	-4,000 萬美元
2014	-1 億 9,800 萬美元	2022	-4 億 5,300 萬美元
2015	-2 億 4,200 萬美元	2023	-5 億 7,600 萬美元
2016	-5 億 6,800 萬美元		

我們可以看到，至今 Spotify 每年仍持續虧損，有時甚至虧損數億美元。如此還能繼續營運，完全仰賴外部不斷注入的資金。目前為止還在虧損的知名新創企業，包括 Uber、Pinterest、Snapchat、Reddit、Fiverr、Lyft、Wayfair、Zillow、Eventbrite、DocuSign、Vroom、Twilio、Deliveroo、Palantir 和 Robinhood。這些公司自成立以來，幾乎每年都虧損。

新創企業的模式總會安慰大家，說只要有足夠的耐心、只要新創企業有足夠的規模，總有一天會帶來鉅額利潤以彌補之前的損失。商業記者拉尼・莫拉（Rani Molla）解釋道：「投資人願意在當下投資、補貼並培養一家未來可能賺大錢的公司，並相信未來利潤會遠遠超過目前的虧損，姑且將之稱為亞馬遜模式。這家零售巨頭的特色就在於高營收低利潤，這是因為資金都用於擴展業務，還有投資未來能賺錢的新專案[3]。」

值得注意的是，即使新創企業還在虧損，只要有其他投資人相信未來有可能轉虧為盈，早期投資人仍可大賺一筆。假設有一家虧損的新創企業成功掛牌上市，在紐約證券交易所（New York Stock Exchange）等公開市場買賣股票，早期投資人就能在這個市場中出售他們手上的股票。

如果其他投資人相信這家公司將會轉虧為盈，就願意高價購買股票。

對於不賺錢的新創企業，市場的熱情已經來到了空前的熱度。1980年只有10%的科技公司掛牌上市時是虧損的，到了1990年代這個數字急劇攀升。又到了2000年，此時是網路泡沫的高峰期，有高達86%的科技公司掛牌上市時都是虧損的[4]。

圖表2　掛牌上市的虧損公司百分比

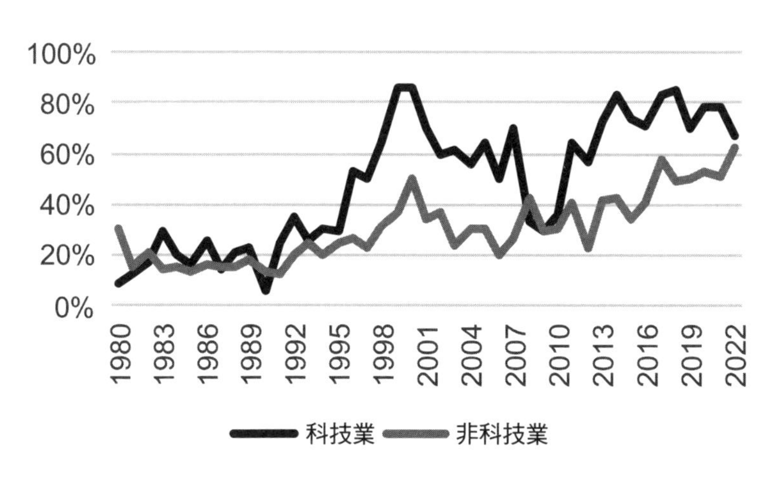

從圖表2可以看出，網路泡沫破滅後，市場對於持續虧損的科技公司終於有一點降溫了。然而跟其他產業相比，

這股狂熱依然在高峰。2008年金融危機後，狂熱再次升溫，幾乎回到網路泡沫的水準。我甚至敢打包票，絕大多數上市的科技公司都在虧損。人們購買股票，是因為相信這些公司「總有一天會轉虧為盈」的承諾。

亞馬遜這類新創企業成功之後，科技產業紛紛採取「不惜一切代價拚成長」的策略。唯有賺到錢才能長期支付開銷，但新創企業不停把這個目標往後延，於是虧損不斷累積。這種做法是否合理？本章將會解釋，雖然市場重視爆炸性成長，但只有在特定的條件下，這種策略長期而言才會有意義。接下來，我們會看到許多新創企業根本不符合條件，更何況仰賴他人的資金來推動爆炸性成長一點也不划算。我們先探討創業家最大的恐懼，也就是抄襲者（copycats），以及對此的解決方案，那就是建立護城河（moat）。接著，我還會介紹一些未能建立護城河的新創企業，有的直接被別人的護城河淹沒，有的是高估了自己護城河的強度。

侵蝕利潤的「抄襲者」

最近我在倫敦都是租電動腳踏車四處移動。電動腳踏車遍布倫敦各個角落，你可以在街上任意取用，然後停在任一處。倫敦第一家提供電動腳踏車服務的公司是來自矽谷的新創企業 Lime，這家公司總共募得 15 億美元。2019 年初，Lime 跟當地政府達成協議，在倫敦部署數百輛腳踏車。兩年後的 2021 年，荷蘭公司 Dott 進入市場，向投資人募得 1 億美元以提供類似的服務。再過一年，英國新創企業 HumanForest 也募得 2,000 萬美元，推出差不多的服務。僅僅過了兩個月，又有一家公司募得 6 億多美元，提供的依然是相同服務。至此，在倫敦經營電動腳踏車業務的新創公司不計其數。有時我望向窗外，樓下同時就停了四間不同公司的電動腳踏車。

該如何在這麼多品牌的電動腳踏車之間做選擇？這些腳踏車幾乎一模一樣，消費體驗相差無幾，就連用來解鎖車輛的手機應用程式也大同小異。你可能以為我會選擇最便宜的那家，但它們削價競爭，價格幾乎一致，我根本沒有理由堅持選擇特定品牌，更別說選擇更貴的了。

這就是典型的高度競爭市場，任何一家新加入的公司都可以提供類似服務，彼此擁有差不多的競爭條件。如果是這種情況，各家公司只好削價競爭，結果就是沒有任何新創公司能持續賺大錢。這對消費者來說是好事，但企業恐怕笑不出來，尤其是那些向投資人保證會賺翻的公司。

由於市場競爭激烈，倫敦的電動腳踏車新創企業已經備感壓力，其中一家 Tier 據說還在苟延殘喘[5]。Dott 於 2023 年 9 月結束倫敦的電動腳踏車服務，坦言再繼續經營下去「並無法長期維持財務穩定[6]」。

許多人似乎以為，只要有快速成長就可以避免這種不幸。對此，創投人士傑佛瑞·豪森柏爾德（Jeffrey Housenbold）解釋道：「Uber 成立後不到一年，就湧現了三百家抄襲者。這時唯有投入數億資金、快速做大，才能保護公司[7]。」

然而這種思維是錯的，快速成長本身無法阻擋抄襲者的侵害。只要抄襲者進入市場的條件差不多，就會透過削價競爭侵蝕市場上每家公司的利潤。即使 Lime 是倫敦第一家電動腳踏車公司，部署的速度更快，也不會有太大的差別。其他新創企業也募得數億美元，只是晚一點推出競爭服務罷了。即便 Lime 投資人再加碼一倍資金，抄襲者依然會出現並持續侵蝕其利潤。

一旦發生這種情況，新創企業唯有建立獨特的優勢，才得以免於削價競爭的影響。這種優勢通常稱為**護城河**，也稱為「競爭優勢」、「進入壁壘」或「壟斷優勢」。新創企業最大的錯誤之一，大概就是低估護城河的重要性，以為只要有幾億美元的資金、快速做大就可以高枕無憂了。

如何建立護城河？

21世紀初，旅客很難在網路搜尋到小旅館。包括Priceline和Expedia在內的大型訂房網站只鎖定大型連鎖飯店，直到一家荷蘭小型網路旅行社誕生，情勢才終於逆轉。這家旅行社歷經千辛萬苦，跟小旅館逐一接洽，然後放在網站上。這之中甚至包括一些地處冷門的旅館。該旅行社當時的行銷長後來出面說明：「我們很早就開始鎖定長尾市場（long-tail market），在第二、三級的旅遊地點拓展房源[8]。」這家網路旅行社就是Booking.nl，後來迅速擴張，改名為Booking.com。

Booking.com在網站上列出越多旅館，對旅客的吸引力就越大；而有越多旅客使用，就會有越多旅館願意把房源放到Booking.com。它因此不斷壯大，逐漸抓住顧客的心。過了一段時間，旅客便不願意繼續使用其他訂房網站，因為房源沒有Booking.com那麼多；而旅館也不再願意把房源放到其他網站，因為旅客不會去那些網站搜尋房源。旅館很依賴Booking.com，甚至願意提供優惠房價以換取「大拇指認證」（thumbs-up seal of approval）等好處。

Booking.com 成長時，網路訂房服務仍有很大的成長空間，因此成長成本較低。反之，其抄襲者若要成長，就必須投入更多資金，因為它們必須說服旅客放棄 Booking.com，轉而使用房源和優惠都較少的新平台。這就是 Booking.com 的護城河：即使競爭者爭相模仿、投入同等的資金，也無法達到相同效果。這類護城河稱為**網路效應**（network effect），當用戶越來越多，產品對用戶的價值就越高。社群網站和購物網站也需要這種護城河。

另一種建立護城河的主要方法就是阻止用戶轉向其他供應商，例如轉換過程不便，或者成本高昂。比如說更換 iPhone 很簡單，只要將新手機放在舊手機旁邊，所有資料和自訂內容就會自動轉移。不到幾分鐘，新手機就會變得跟舊手機一樣。這時即便競爭對手的產品同樣優秀，依然很難吸引 iPhone 用戶，因為換機的過程格外麻煩。這種護城河稱為**轉換成本**（switching cost）。

到目前為止，我們所討論的護城河主要是為了抓住顧客，但是理論上，壟斷資源也可以建立護城河。最典型的例子是申請專利，讓企業獨家使用自家的發明。然而這種策略難以執行，尤其是跨越國界的情況，況且專利是有期限的。由此可見，以壟斷資源為主的護城河強度似乎不高，大多數成功的科技公司依然傾向建立抓住顧客的護城河，例如網路效應和轉換成本，來維護公司的市場龍頭地位。如果你不喜歡護城河這個概念，你並不孤單。消費者通常不喜歡護城河，因為這會限縮選擇，哄抬價格。然而，護城河是幫助新創企業實現爆炸性成長的必要條件，它會讓長期虧損看來合理一些。如果新創企業要動用無數人的資金來實現快速成長，那最好要有護城河，或至少要有建立護城河的穩定計畫。否則一旦競爭對手進入市場、稀釋利潤，所有為了爆炸性成長而投入的資金，都可能付諸流水。

沒有護城河？問題可大了！

WeWork 是專門針對小企業的共享辦公室連鎖品牌，但如今已破產。2011 年，WeWork 在曼哈頓開設第一間辦公室，向投資人募得驚人的 217 億美元以實現爆炸性成長。投資人名單一長串，其中包括管理哈佛大學投資的哈佛管理公司（Harvard Management Company）[9]，以及許多知名創投公司，例如軟銀（Softbank）和基準資本（Benchmark）；此外還有像高盛（Goldman Sachs）和摩根大通（JPMorgan Chase）這樣的知名投資銀行。多虧充裕的資金和激進的成長策略，WeWork 在全球三十九個國家開設了七百七十九個辦公地點。

然而，這家公司為了成長而投入的資金，遲早得減碼。到了那時候，它肯定不願意看到競爭對手搶走客戶、分掉利潤，否則當初那麼拚命追求成長豈不是白忙一場？因此 WeWork 需要護城河，但很難想像它要如何建立。換句話說，WeWork 該如何留住客戶，以免客戶轉向其他共享辦公室？當然，WeWork 提供了良好的設備，比如自助啤酒機、由咖啡師製作的咖啡還有桌球桌，但這些設備競爭對手也都可以提供。

WeWork 試圖說服世界，它會建立起類似 Booking.com 或 LinkedIn 的網路效應護城河。WeWork 創辦人說，公司會成為「實體社群網路[10]」。這也是為什麼 WeWork 要在辦公室舉辦社交活動，並稱租戶為「會員」。WeWork 官網提到:「我們社群團隊會定期舉辦聯誼、午餐學習會等活動，還有一些趣味活動，來增添一整天的娛樂。」WeWork 將「專業和社交活動」作為設備的一環，這就跟無線網路還有會議室同樣重要[11]。

為了營造社群的感覺，WeWork 在每個辦公室設置社群經理。其中一位經理說：「有一次，我為《六人行》（*Friends*）的超級粉絲舉辦了一場以這部影集為主題的問答遊戲。我們佈置會議室，準備搶答鈴讓參加者按鈴作答。看到會員喜悅和驚喜的表情，令人非常滿足[12]。」至於其他常見的活動，還包括復活節彩蛋尋寶和桌球比賽[13]。

WeWork 想鼓吹這種創造網路效應的理念，創辦人指示員工，將 WeWork 形容成「注重生活方式或社群的公司」，而非房地產公司[14]。一位投資人說：「聽到這種宣傳口號，你會覺得來這裡工作可以遇到一群帥氣的年輕人，而他們會協助你完成業務[15]。」

WeWork 想建立網路效應，但想法太過天真，因為社交互動受到地理位置的限制。就算 WeWork 在其他城市快速擴張，甚至在別條街開設分店，對租戶本身也沒有太大價值。此外，許多「實體社群網路」早已存在，比如同事們下班後一起去酒吧廝混。而小型企業主本來就會互相交流，例如參加專業活動和商展。

這家尚未盈利的公司在 2019 年試圖透過掛牌上市募集更多資金。如此便需要向美國證券交易委員會（SEC）提交文件，但由於缺乏可信的護城河，該公司竟自詡為科技公司，彷彿只要這樣就可以合理化其目標，拚命追求募資及成長。WeWork 的申請文件用語含糊，以下摘錄一小段：

> 善用科技來營造會員體驗，讓會員管理自己的空間、彼此建立連結並使用產品和服務，進而提高會員的生產力、幸福感和成功機會。我們全球平台的基礎，正是科技。因為有專門的科技和營運經驗，才能夠快速擴展 WeWork 核心的空間即服務，提升解決方案的品質，降低搜尋、建設、填充和營運空間的成本[16]。

這份申請文件中，「科技」一詞總共出現一百一十二次。然而這一次，投資人並不買單。仔細審核文件後，許多投資人總算認清 WeWork 是一家房地產公司，並不像成功的科技公司擁有護城河。WeWork 只好取消公開發行，因為看來需求極低。次日，創辦人辭去執行長一職，隨後跟這家公司斷絕關係，並獲得 2 億 4,500 萬美元的補償[17]。WeWork 公開發行失敗後，過了一個月便承諾改變路線，「專心拓展有利可圖的市場[18]」。

隨後幾年，WeWork 持續成長。新冠疫情爆發後，公司遭受重創，一直到 2022 年 8 月，辦公室使用率才終於回到疫情前的水準[19]。然而公司並未賺取可觀的利潤，之前瘋狂砸錢追求成長根本毫無道理。由於缺乏護城河，這樣的結果是意料之中。2023 年 11 月，這家新創企業申請破產。

WeWork 或許期望有一天可以找到意想不到的護城河，畢竟市場條件會改變，護城河有可能突然出現，而企業必須隨著時間調整策略。但令人驚訝的是，投資人竟會如此樂觀，傻傻相信這種事會發生，最後向 WeWork 投資了大約 220 億美元。

被他人的護城河淹沒

Hopper 是一款協助安排旅遊的應用程式，於 2014 年正式推出。最初是幫助用戶搜尋便宜航班的創新工具，例如有一個彩色日曆，讓用戶可以一眼看出哪一天搭飛機最便宜。Hopper 還有價格預測功能，當系統發現最佳訂票時間，就會通知用戶 [20]。狂熱的投資人向 Hopper 投資了 6,000 萬美元，希望這家公司可以快速成長 [21]。

投資人對 Hopper 如此用心有點出人意料，因為這個市場已經太擁擠，兩大巨頭 Booking.com 和 Expedia 各自都擁有強大的護城河，牢牢掌控著市場。你以為市面上的旅遊應用程式琳瑯滿目嗎？別傻了，它們實際上分別隸屬這兩大巨頭。Priceline、Kayak、Momondo 和 Agoda 屬於 Booking.com，而 Hotels.com、Orbitz、Travelocity 和 Hotwire.com 則是 Expedia 旗下的品牌。

Hopper 不知該如何盈利，於是決定走「新創企業的路線」。其中一位高階主管說：「新創企業有一個好處，那就是不必馬上盈利[22]。」但沒過多久，這家公司就發現光靠賣機票很難賺錢，因為航空公司一直想擺脫中間商，因此賣機票的佣金非常低，甚至是沒有。反之飯店的佣金高得多，因此真正的收益在於飯店。於是，2017 年，Hopper 新增了預定飯店的功能。

由於 Booking.com 和 Expedia 擁有強大的護城河，任何新創立的旅遊應用程式不是想賣飯店就可以賣。Hopper 很難跟成千上萬的飯店簽約，因為大部分飯店已經被兩大巨頭牢牢鎖定。Hopper 決定搭 Booking.com 和 Expedia 的便車，在自家應用程式列出 Booking.com 和 Expedia 的飯店，再把房間賣給不知情的用戶，從中賺取佣金。這是第三方平台常用的手法，比如航空公司提供飯店加購服務時，那些房間其實是來自 Booking.com 或 Expedia，然後這些平台再支付航空公司佣金。

接下來幾年，多虧向投資人募得的 7 億 2,700 萬美元資金，Hopper 得以實現快速成長。2022 年，Hopper 成為美國下載次數最多的旅遊應用程式。在這段期間，Hopper 持續依賴來自 Booking.com 和 Expedia 的飯店。

然後，最糟的情況發生了。

2023 年 7 月，Expedia 決定終止跟 Hopper 的合作，禁止這家新創企業向客戶兜售自家的飯店，導致 Hopper 可以列出的飯店數量大幅減少。Expedia 官方表示，Hopper 的某些功能「利用消費者的焦慮，讓人摸不著頭緒[23]」。Hopper 則指控 Expedia「妨礙市場競爭」，後者比較像是它們終止合作的真實原因。但 Hopper 早該想到，Expedia 讓它搭便車這麼久，已經夠大方了。但 Hopper 可以繼續販售 Booking.com 的飯店，因此仍有一線希望，只可惜沒有持續太久。

與 Expedia 終止合作後僅僅三個月，Hopper 便不再列出 Booking.com 的飯店，因為它心知肚明，Booking.com 很快就會禁止它，主動退出顯得更體面。跟幾個月前相比，Hopper 列出的飯店數量大幅減少。兩天後，Hopper 解僱 30%的員工[24]。這家新創企業別無選擇，只好依賴較小的飯店平台，或者逐一跟飯店接洽，但這絕非易事。時間會告訴我們 Hopper 將如何改頭換面。

看了 Hopper 的故事，大家想必已經發現，新創公司很難跟對手爭奪目標客群，因為那些消費者早已被護城河牢牢圍住。新創公司完全處於劣勢，卻能輕易拿到投資人的資金。Hopper 必須對抗有強大護城河的對手，還要忙著建立自己的護城河，它面臨的挑戰非同小可，但仍在這種情況下募得超過 7 億美元。一旦 Booking.com 和 Expedia 感受到 Hopper 的威脅，就會動用護城河來打擊這家新創企業。無論我們是否認同，這種結果完全在意料之中。至於投資人是真的不清楚 Hopper 面臨什麼樣的潛在挑戰，還是明知如此卻依然期待奇蹟，就不得而知了。

護城河的幻覺

有一位新創企業創辦人秀出他們公司的簡報，說這是吸引創投公司的工具，並洋洋灑灑列出自家的護城河。然而那些「護城河」只是產品特點，雖然這些特點確實會讓產品受到顧客喜愛，卻無法長期保護這家公司，因此不算真正的護城河。如今似乎什麼都能被視為護城河。經濟學家布魯斯・格林沃德（Bruce Greenwald）指出，管理學理論說得很好聽，但真正的競爭優勢只有寥寥幾種，至於長期的競爭優勢在商業界則更是少見[25]。

在這個段落，我們會回顧科技公司經常宣稱擁有的三大護城河，但這些其實都不是真的護城河，或者沒有想像中穩固，所以稱之為「幻覺」。

幻覺 1：「十倍」的迷思

2022 年 11 月，OpenAI 推出知名的生成式 AI ChatGPT，在短短兩個月內便吸引了一億名用戶，成為史上成長速度最快的軟體[26]。ChatGPT 成功的原因非常簡單：它的成效比以往任何生成式 AI 都要好得多，投資人因此大為振奮。ChatGPT 推出後，OpenAI 獲得 100 億美元的投資。

ChatGPT 背後的核心技術並非由 OpenAI 自己開發，而是早在五年前就已經由 Google 研究團隊成功開發並寫成一篇詳細的論文[27]。於是，OpenAI 直接用這個方法開發出 ChatGPT。由於這項技術的核心原理完全公開，無論是 Meta、Google 還是其他公司都很快推出競品，甚至還有開源版本（open-source alternatives）。

2023 年 5 月，一份自 Google 洩露的備忘錄提到：「我們沒有護城河，OpenAI 也沒有……令人感到無奈的是，我們並沒有贏得這場軍備競賽的優勢，OpenAI 也一樣……雖然我們的 AI 品質略微領先，但差距正在大幅縮小。開源 AI 更快速、更適合客製化，隱私保護做得更好，格外有競爭力[28]。」該備忘錄也承認：「我們沒有任何『祕方』。」

並提出建議：「當免費、無限制的 AI 服務達到類似的品質，再也沒有人會掏錢使用限制一堆的 AI 服務，因此我們要重新思考自己有哪些真正的附加價值。」

ChatGPT 看似是「十倍產品」——這是越來越流行的術語，代表這項技術比前幾代優秀十倍。大家似乎認為，開發出十倍產品就是在建構護城河。企業家彼得·提爾（Peter Thiel）說：「一般來說，專利技術必須從關鍵層面著手，比最相似的替代品優越十倍，才能創造真正的壟斷優勢[29]。」這種對技術優勢的深信不疑，導致投資人格外看好「十倍新創企業」。一位創投人士說：「企業創辦人爭取創投資金時最常面臨一個提問：『你的想法、產品或商業模式，如何比現有的公司好上十倍[30]？』」

然而，技術優勢**不算**護城河。除非能夠獨家取得構建該技術的資源，否則競爭對手很可能迎頭趕上，正如 Google 備忘錄中透露的擔憂。

最理想的情況是企業保密到家，妥善保護獨家技術，但這依然不是持久的護城河。例如，Meta 為了跟 ChatGPT 競爭，特地開發 AI 服務，結果發表不到一週，細節就在 4chan.org 網站上曝光[31]。此外，除非公司發現了競爭對手無法複製的「祕方」，否則競爭對手也能聘請同樣優秀的工程師來開發類似的產品。理論上專利可以保護技術優勢，但由於專利難以執行，往往不是真的護城河。事實上，ChatGPT 所仰賴的技術專利屬於 Google[32]，但 Google 並未強制執行專利權，或許它早就料到這種法律爭端勝算不高。

無論有沒有十倍的技術優勢，技術優勢都不是真的護城河，但很多人都有這個迷思。技術優勢既美好又實用，例如可以幫助企業開啟業務，吸引第一批狂熱的客戶。然而公司仍要繼續尋找真正的護城河，例如創造網路效應，或提高轉換成本。舉例來說，2024 年 1 月，OpenAI 特地推出市場平台，開放大家買賣以 ChatGPT 為基礎的 AI 系統。OpenAI 似乎也發現自己缺乏其他護城河，因此試圖創造網路效應。未來如何發展，值得拭目以待。

幻覺 2：「規模」的迷思

2022 年，Netflix 花費高達 1 億 4,300 萬美元，製作一季的電視影集《王冠》（*The Crown*），這是史上最昂貴的電視節目之一。這筆數目聽起來很驚人，但對 Netflix 來說只是九牛一毛。當時這個串流平台已如此龐大，這筆費用僅佔年收入的 0.5%。若換成小型串流平台，想一下子拿出 1 億 4,300 萬美元來製作相同規模的節目，恐怕難以招架。

因為成本固定，無論觀眾有多少，或者無論是 Netflix 這樣的大公司還是規模較小的公司，製作《王冠》的成本都一樣。然而由於 Netflix 規模龐大、銷量也高，就能攤掉這些成本。這就是「**規模經濟**」（economies of scale）。

同樣是 1 億 4,300 萬美元，對 Netflix 來說負擔較輕，我們就誤以為 Netflix 有優勢。因此，大家總認為規模經濟就是「護城河」。無數關於商業策略、微觀經濟學、創業的書籍和部落格，一直在宣導這種錯誤觀念[33]。

說到規模經濟，軟體公司格外有優勢，因為編寫軟體只有「一次」成本。跟使用人數無關，只要寫一次就可以分配給無數人使用，幾乎不會有額外成本。彼得·提爾這樣解釋：「軟體新創企業的規模經濟格外明顯，因為生產副本的邊際成本（marginal cost）趨近於零[34]。」許多人以為規模經濟就是護城河，自然也就會相信，軟體新創企業只要擴大規模，就會自動建立護城河。

然而規模經濟本身不是堅固的護城河，因為投資人一點也不介意砸錢陪新創企業一路虧本到長大。還記得串流平台 Quibi 嗎？它還沒簽下首位用戶，就花費了 10 億美元製作影片。Quibi 根本不在乎用戶有沒有多到像 Netflix 那樣可以攤掉成本。

如果投資人看好某個市場，就會幫助新創公司擴張、搶佔有潛力的市場。若缺乏真正的護城河，那個市場終究會被幾個競爭者瓜分[35]。如果有一家大公司佔盡規模經濟的優勢，仍需要建立真正的護城河，例如網路效應或轉換成本，以維持市佔率。事實上，光是規模大還不夠！

大家絕對沒想到，**規模小**反而可能是堅固的護城河，這和大多數投資人及創業家的理念正好相反。想像你經營一家新創企業，包括租金、員工在內的固定成本為60美元、營收為100美元，利潤則為40美元。如果有競爭者試圖瓜分50%的市場，雙方營收只剩下50美元。但由於固定成本仍是60美元，雙方都會虧損10美元。這會勸退其他競爭者，因為任何一家新公司都無法在這個市場賺錢。對此，經濟學家格林沃德提出以下說明：

> 大家想像一下，美國內布拉斯加州一個人口不到五萬的孤立小鎮，這種規模的城鎮只能支撐一家大型超市。如果零售商有心進駐開一間大型超市，想必可以享受壟斷經濟。但如果有第二家超市進駐，雙方的客源都不足以維持盈利。若兩家超市條件相同，第二家超市打敗不了第一家，最好的選擇就是

放棄，讓第一家超市繼續壟斷市場[36]。

這種「自然壟斷」（natural monopoly）通常發生在固定成本高但市場規模較小的情況，如精密且專業的小眾產品。這大概是許多創業家夢寐以求的黃金機會！

我曾遇過一位創業家，他創立軟體新創企業，專門協助航太公司協調物流業務，結果利潤非常高，報酬率很驚人。但抄襲者不太可能有興趣模仿，因為這家公司受到「小規模護城河」保護，包括產品不易開發、成本高昂、主打小眾領域，並且極度專業。這類企業不可能有數十億美元的營收，因此往往被創業家和投資人忽視。規模大，不見得就比較好。

幻覺 3：「品牌」的迷思

「Google」這個品牌已經變成動詞，甚至收錄進牛津和韋氏（*Webster's*）等主要詞典。Google 的品牌力量無庸置疑，但要長久維持可是所費不貲。2023 年，據傳 Google 一直支付數十億美元給蘋果、三星（Samsung）等智慧型手機廠商，讓自己作為瀏覽器的預設搜尋引擎。光是在 2021 年，Google 就為了這項「特權」耗費 236 億美元[37]。這筆金額佔了 Google 當年廣告利潤的 29％[38]。雖然「Google」這個品牌被收錄進詞典，但背後的代價高昂。

許多商業策略書把品牌視為「護城河」，主張打開知名度，讓民眾聯想到正面情感，就可以鎖住顧客。2019 年，一位網路創業家指出：「WeWork 這個品牌成為該服務的代名詞。大家不知道還有其他選擇，因此一聽到『共享辦公室』，馬上就聯想到 WeWork。這是非常可觀的認知優勢[39]。」

品牌是不是護城河？至今仍充滿爭議，原因在於維護品牌往往所費不貲。比如說 Google 的例子，只要出更高的價格，就可以搶到推廣品牌的機會。經濟學家格林沃德對此提出解釋：「賓士（Mercedes Benz）的品牌並不會自動維持，而是要不斷投入新廣告，花錢提升形象……儘管賓士多年來持續投資品牌，仍無法阻止競爭對手模仿[40]。」他還補充說明，賓士明明是頂級品牌，但投資人獲得的報酬並不可觀。

商業策略家漢米爾頓．海爾默（Hamilton Helmers）則認為，品牌可以是穩固的護城河，但有一個前提條件，那就是花數十年建立良好聲譽。他表示：「唯有長期正面的行動，才能夠建立強大的品牌。」他以蒂芙尼（Tiffany）

為例：「這個品牌可是經過一百多年的耕耘[41]。」然而新創企業通常沒這麼悠久的歷史。

另外一些人主張，高知名度的品牌有機會形成護城河，但通常僅限於那些價格低廉、消費者都懶得比價的產品。格林沃德指出：「如果想從 WD-40 公司手中搶走大部分的市佔率，不僅要在廣告和通路砸大錢，產品價格也要明顯低於 WD-40。WD-40 的產品價格低廉，雖然消費者購買頻率不高，忠誠度卻很高……即使競品的價格低了 10%，但如果只是讓消費者省下 30 美分，他們仍然不會輕易拋棄熟悉且信賴的品牌[42]。」

在數位世界的成功案例，我會想起 Canva。這是以瀏覽器為主的設計工具，用來設計簡單的社群媒體圖像。Canva 填補了市場缺口，因此快速成長並盈利，很快就聲名大噪。Canva 免費提供許多實用功能，即使是付費高級版本也相當便宜。我發現很多人自然而然就選擇 Canva，並不會尋求其他替代方案。但如果費用較貴，例如訂閱 WeWork 服務，消費者對品牌的忠誠度就不會那麼高。因此，新創企業光是砸錢追求快速成長，期待透過品牌知名度來防禦競爭者的威脅，是行不通的。

對爆炸性成長的執念

每當聽到某家新創企業迅速成長，不妨先提出一個問題：**為什麼**它非得要快速成長？大家似乎很少有這個疑問。新創企業之所以對成長如此狂熱，一部分是想要保護自己免於遭受抄襲。然而，新創企業**本身**可能就是抄襲者！為了快速成長，拚命模仿臉書（Facebook）或亞馬遜的做法，以為這樣就會達到相同的成果，卻忘了一個重點：如果沒有建立護城河，再怎麼花錢刺激成長也無法創造價值，甚至可能低估建立護城河的難度。

創業家對成長過於執著，往往是因為認為募集創投資金是成功的必要條件，反倒讓募資本身成為了主要目標。我遇過許多創業家，還弄不清楚資金用途，就貿然開始募資。有個創業家希望盡快募得第一筆百萬美元資金，而他以這個金額為目標的理由，竟然只是因為七位數比較好看，往後可以吸引更多的資金。

一位投資人在 LinkedIn 提供以下建議：「募集 50 萬美元，比募集 100 萬美元更難。為什麼？因為前者會讓投資人認為你缺乏野心。如果你決定募集的金額較少，投資人就很難相信你會成功。」一位前創投人士透露，有許多創業者將募資視為成年禮，或是一種獲得認可的方式。

大家也經常以募資來衡量新創企業是否成功。我參加交流活動時經常聽到這種話：「那家新創企業表現非常好，剛募得 2,000 萬美元！」然而，公司是不是真的成功，要看它有沒有找到持續盈利的方法，如此才能長期應付公司的開銷。

然而，對新創公司來說，應付開銷通常不是大問題，反正只要從外部不斷吸金，就能填補虧損。接下來，我們來看看這些資金都來自何處。而你將會明白，創投產業是如何運作的。

第 3 章

創業投資的承諾與風險

創投人士是創新的推手，藉由大膽的投資，支持那些立志改變世界、滿懷雄心的創業家。值得注意的是，創投人士確實是蘋果、亞馬遜、臉書、Google和微軟等公司早期的金主。《富比士》有一篇文章指出：「這類投資與基金的注入，可以避免經濟停滯。創投是推動經濟成長進步的重要引擎，不僅美國如此，在全球亦是[1]。」這篇文章還提到，創投對創業家與投資人都有好處：「對創業家來說，創投的資金和支持是命脈……對投資人來說，創投則提供一個機會，把資金導入有成長潛力的創新公司。」

然而，不是所有人都這樣想。比如億萬富翁企業家查理・蒙格（Charlie Munger）就曾公開質疑創投：「我們不該靠欺騙投資人來賺錢，但創投公司經常做這種事[2]。」近年來，大眾對創投的負面情緒似乎正在蔓延，尤其這個產業看起來並沒有創造豐厚的報酬，而兩起惡名昭彰的醜聞爆發助長了這種負面情緒。一個是開發血液測試設備的新創企業Theranos，這個設備並未如期運轉，公司卻隱瞞事實多年，取得了數億美元的創投資金。另一個是加密貨幣交易應用程式FTX，向創投公司取得數億美元，卻偷偷將客戶資金轉移到其他公司。這兩家新創企業的創辦人最後都因詐欺罪被判刑。

本章將深入探討創投的世界。首先，我們來看看這個產業如何運轉、許下了什麼承諾，以及實際上達成了多大的成效。接著，我們會探討質疑的觀點，例如查理・蒙格對創投的看法，來看看這些質疑聲浪是否與現實相符。

創業投資的運作模式

創投公司是一種投資管理公司，拿著別人的資金（以及一部分自己的資金），投資新創企業。創投公司的首要任務就是從他處募集資金，例如退休基金與有錢人。創投公司會成立獨立的法律實體（legal entity），稱為**基金**（fund），專門管理募來的資金。基金的期限固定，通常是十年，而規模也是固定的，最初募資完畢後就無法再追加資金。一般基金的規模通常大約是 1 億美元，但是近年來，超過 10 億美元的超大型基金正在崛起。為了展現更高的參與度，創投公司通常會投入自家的資金，大約佔基金的 1%。

創投公司全權管理基金，負責資金分配。外部的投資人貢獻大部分資金，稱為有限合夥人（Limited Partners, LP），他們雖然提供資金，卻無法決定資金用途。

基金成立後，創投公司會在前五年挑選值得投資的新創企業。在這個過程中，它們要篩選數百家候選企業，查看數不清的企業提案簡報。這種提案簡報俗稱**融資簡報**（pitch deck），創業家會藉此推銷自己的商業理念。創投公司通常會僱用初階助理來負責初步的篩選工作，最終重要的投資決策再交由資深經理人拍板定案。

當創投公司相中某家新創企業，便會向企業創辦人或股東出價，嘗試購買一部分股權。舉例來說，創投公司可能出價 1,000 萬美元，購買 10%的股份。如果交易順利完成，新創企業等於是以 10%的股權，換得一筆幫助業務成長的資金。

創投出價的關鍵，在於確認新創企業的**評價**（valuation）。假如創投公司出價 1,000 萬美元購買 10%股份，代表它們估計整個企業價值 1 億美元。只要交易完成，這家新創企業的評價就是 1 億美元；如果創投公司以 1 億美元購買新創企業 10%股份，那麼這家新創企業的評價就是 10 億美元，並榮登獨角獸企業之列。這裡要格外注意的是，無論是否成為獨角獸企業，新創企業的評價主要反映的是創投公司購買股份的狂熱程度，與利潤或銷售等基本商業指標並無直接關係。

創投公司要負責挑選新創企業並達成交易，因為提供了這些服務，它們每年向有限合夥人收取相當於投資資本2%的管理費。假如創投公司募集到1億美元並全部完成投資，那麼它每年會向有限合夥人收取200萬美元的管理費。此外，有限合夥人還要負擔創投公司的部分開銷，比如參加董事會議的交通和住宿費用。管理費的收取與基金投資的成敗無關，即使基金投資的新創企業全都失敗、有限合夥人因此損失全部資金，創投公司仍然可以繼續收取管理費。我們稍後會討論到這一點。

基金成立五年內，創投公司必須選好新創企業，通常是十家以上。當基金滿五年，創投公司就不能再挑選新的投資標的。如果資金還有剩，也只能投注於原先選定的新創企業。第五年過後，創投公司會將每年收取的管理費調降至投資資本的1%。

投資完畢後，創投公司會持有股份數年，然後嘗試**出場**（exit），也就是出售手上的股份，換取現金。創投公司為了獲利，會希望出售價格高於購入價格。每次出場後，創投公司會立刻將收益分配給有限合夥人，但會先抽取20%利潤分成，稱為**業績報酬**（carry），其餘80%才歸有限合夥人所有。這種「2%＋20%」（2%管理費與20%利潤分成）的報酬結構正是創投的常見模式，而到了第十年，創投公司就要全部退場，出售所有股權。

退場方式主要有三種，最常見的是新創企業被大公司**收購**，例如 Instagram 開價 10 億美元被臉書買下。收購的收益會依照創投基金持股的比例均分。如果創投基金持有新創企業 10%股份，新創企業以 1 億美元售出，創投基金會拿到 1,000 萬美元，但前提是收購結果要令人滿意。

如果收購情況不理想，依照新創企業創辦人與創投公司之間的協議，大多會保證創投公司「拿回資金」。也就是說，如果出售金額不高，無法讓創投公司回本，新創企業創辦人還得拿出自己那一份收益，最後落得一場空。新創企業創辦人接受創投的支持，就要有這種覺悟：打拚好幾年賣掉公司，換來數百萬美元的交易額，結果還是口袋空空。

有了「回本」的保證，創投基金兼具雙重角色：可以是合夥人，也可以是貸款人，視不同情況而定。如果情況有利，創投公司就像合作夥伴一樣，報酬跟持股比例成正比。但如果情況不利，創投公司就會像貸款人，可以比其他人更快回收資金。創投公司當然希望兩全其美。此外，創投公司通常可以否決重要決策，例如要不要接受收購。

第二種常見的出場方式，就是首次公開發行（Initial

Public Offerings, IPO），也就是新創企業首次在公開市場（例如紐約證券交易所）出售股份。創投公司可以在 IPO 的過程中，或之後某個時機點，在公開市場出售股份，換取現金。如果 IPO 的結果不理想，創投公司有時也會搬出「回本」的王牌自保[3]。

創投公司退場的第三種方式，就是私下把股份售予第三方，比如另一個創投基金。這稱為**次級市場交易**（secondary sale）。因此，創投公司通常會偏好收購或 IPO，但如果時機合適，也可能提前在次級市場出售股份。

如果基金的壽命即將結束但仍未完全退場，創投公司經理人可以選擇再延長兩年。之後每年由有限合夥人投票決定，是否再延長一年。如果有限合夥人不同意延長，創投公司只有兩條路可走，一是立刻在次級市場出售剩餘股份，二是將這些股份轉移給有限合夥人。實際上，創投基金的平均壽命通常會延長至十五年[4]。

創投的風險很高，大家可能以為法律會明文規範哪些人可以投資。例如，退休基金受到嚴格監管，應該不可以把員工的儲蓄投入創投吧！然而，就算有這些法規，也很容易鑽漏洞。例如在美國，只要創投基金可以影響新創企業的管理決策，就可以接受退休基金的投資，但其實這個要求很容易滿足。創投基金投資新創企業時，通常會取得任命董事的權利，這就可以代表它對新創企業的控制權，規避監管的阻礙。有一位律師就表示，退休基金要投資創投公司其實並不難，「程序往往很明確，大多可以自動執行，無需複雜的手續[5]」。

創投公司的「2.5 倍」承諾

創投公司向有限合夥人承諾，相較於其他投資方式（例如在公開市場買股票），投入創投的投資報酬率更高。一般而言，有限合夥人會期望資金增值至 2.5 倍以上，而創投公司也會許下這樣的承諾，通常稱之為「2.5 倍報酬」[6]。創投會持有每家新創企業的股份大約五年，然後出場；而回顧股市五年內的平均報酬，大約只有 1.6 倍[7]。

有限合夥人期望獲得比股市更高的報酬，主要有兩個原因。首先，投入創投的資金會被鎖住幾年，但公開股票可以隨時賣出。既然資金不能動，自然會期望獲得補償。其次，投資新創企業的風險比其他投資更高，有太多新創企業讓投資人的資金有去無回。因此有限合夥人期望更高的報酬，以回報他們承擔的風險。

創投公司號稱找到了成功的公式，可以讓有限合夥人的資金增值 2.5 倍，甚至更多。這個公式利用的是投資高風險新創企業的**偏態**（skewness）。這個邏輯很簡單：雖然大部分新創企業會失敗，但只要有少數成功的大贏家，就會帶來鉅額的報酬，足以彌補虧損。創投公司稱之為**冪次法則**（power law），這是一種數學專業術語，用以描述高度偏態的隨機事件。

創投公司提起自己的投資策略，尤其是投資剛起步的新創企業，經常引用三分法則（rule of thirds）：「我們預期有 1/3 的投資會血本無歸；1/3 的投資剛好回本，甚至賺點小錢；而真正賺大錢的，全靠最後那 1/3[8]。」

根據三分法則，那些大贏家平均必須帶來九倍以上的報酬，才能夠彌補其他表現不佳的投資，滿足有限合夥人對於創造 2.5 倍增值的期望。請見圖表 3。

圖表 3　新創企業的三分法則

	血本無歸	表現平平	大贏家
比例	1/3	1/3	1/3
報酬倍數	0 倍	1 倍	9 倍

總報酬： 3.33 倍
扣掉 20%（創投公司分成）
扣掉管理費

有限合夥人的報酬：2.5 倍

這項策略能不能成功，要看這個假設是否符合現實。假如創投公司無法從 1/3 的大贏家那裡獲得平均而言九倍的報酬，那麼這個策略就無法奏效。同樣的，一旦新創企業的失敗率超過三分法則的預設，結果也會不盡理想。

坊間普遍認為，創投公司必須精挑細選，選擇高報酬（超過九倍）的新創企業，是因為新創企業的失敗率很高，僅有少數贏家能彌補虧損。因此，創投公司只好大膽投資，看準一些目標遠大的新創企業。一位投資人表示，若你的新創企業規模不夠大，慘遭創投公司拒絕，「那是因為創投公司要追求天文數字的報酬率，才有辦法抵銷那些失敗的投資[9]」。

《富比士》有一篇文章鼓勵創業家瞄準大市場，因為「創投公司會仰賴少數幾次成功的交易來創造可觀的報酬，以彌補那些無可避免的失敗案例[10]」。創業家彼得．提爾也曾說：「創投界最大的祕密，就是一筆最成功的投資，報酬會等於其他投資的總和，甚至遠遠超過。因此，創投公司奉行著奇特的行規，只投資可能賺回整個基金的公司。這是多麼可怕的行規啊！直接砍掉了其餘大多數的投資選項[11]。」

這樣聽起來，創投公司就是基於「冪次法則」，才會大膽投資：

冪次法則 → 大膽投資

由此可見，冪次法則是自然現象，不可避免。因此，創投公司別無選擇，不得不大膽投資，以彌補絕大部分的失敗投資。然而，現實情況正好相反：

大膽投資 → 冪次法則

正因為創投公司大膽投資，才會落入冪次法則。創投公司選擇仰賴奇蹟才能成功的新創企業，例如 WeWork，投資報酬才變得高度偏態，呈現冪次法則。為什麼呢？因為奇蹟不常發生。所以投資新創企業的報酬大多微乎其微，甚至讓投資人血本無歸。然而，當奇蹟發生時，卻帶來可觀的報酬。一位投資分析師這樣解釋：「創投基金會鎖定特定的新創企業，有很高的機會血本無歸，但只要賭對了，報酬會非常可觀[12]。」因此，大膽投資的行為，降低了成功機率，卻提高了成功後的報酬，於是驗證了冪次法則。創投公司奢望成功的報酬能夠超越失敗的虧損，創造整體的高報酬：

大膽投資 → 冪次法則 → 高報酬（期望）

接下來，我們來對照現實的情況。

「大膽投資」的結果

創投公司很少公開業績，合約也明文規定有限合夥人不得將之公開。全球第二大的創投公司紅杉資本（Sequoia Capital），曾經因為有限合夥人有公眾人物背景，擔心可能基於《資訊自由法》（*Freedom of Information Act*）而必須公布業績數據，於是忍痛結束二十二年的合作關係[13]。

然而，有些創投公司的業績數據還是找得到。有幾家機構在過去二十年間持續收集並追蹤數百家創投基金的業績，只是不透露基金名稱。例如 2020 年康橋匯世集團（Cambridge Associates）發布調查報告，分享成立於 1995 年後、總共一千五百二十九檔創投基金的業績數據[14]。這些數據是基金經理人多年來主動提供的。2020 年還有另一份類似的報告，出自美國全國經濟研究所（National Bureau of Economic Research, NBER），其中記錄了成立於 1984 至 2014 年間、共一千三百二十九檔創投基金的業績數據[15]。這些數據來自一家分析公司，有限合夥人大多仰賴這類紀錄保存服務，來監督自己的投資。追蹤結果請見圖表 4。

圖表 4　按成立年份劃分的創投基金平均報酬率

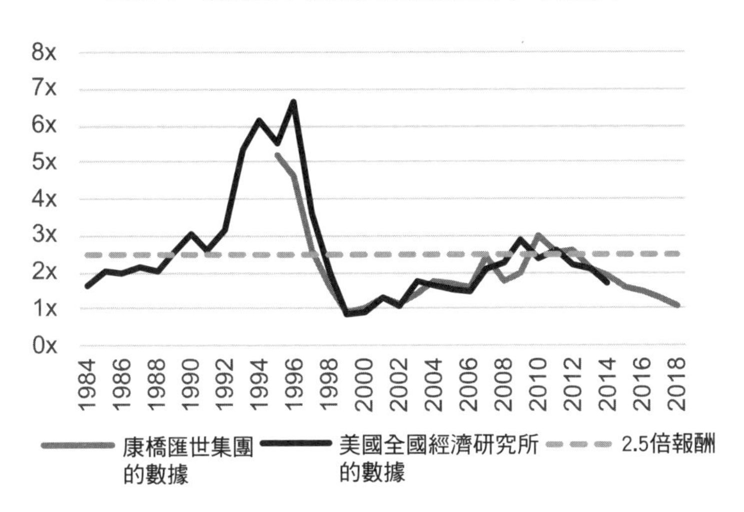

從平均值來看，唯獨網路泡沫高峰前成立的創投基金帶來了可觀的報酬（主要是因為趁泡沫化之前，以高估的價格脫手股份）。然而，自那以後，創投基金的表現大多不如人意。事實上，大部分時候，創投公司並未實現承諾的 2.5 倍報酬。

2.5 倍報酬的承諾大多並未實現，因此「三分法則」似乎過度樂觀。歐洲投資基金（European Investment Fund）分析新創企業投資退場的報酬，其中總計有兩千零六十五次[16]，成功退出的平均報酬大約是四倍，遠低於三分法則所強調的九倍。此外，只有區區 29%的退場讓投資人賺到利潤或回本，這也有別於三分法則所預想的 66%。數據還顯示，高達 57%的新創企業讓創投公司血本無歸，或者在清算時，僅帶來象徵性的 0.25 倍報酬。美國的退場數據也顯示，三分法則似乎過於樂觀。有一項研究鎖定美國 2009 至 2018 年間的兩萬七千次退場，其中有 64%虧本[17]。這項研究隨後又追蹤了美國 2013 至 2022 年間，超過三萬五千次的退場，結果發現有 48%虧本[18]。

從這些數據中可以看到，冪次法則所仰賴的「大贏家」並沒有如預期般彌補輸家的虧損。企業家卡拉姆．欣杜賈（Karam Hinduja）將這種策略稱為「亂槍打鳥，然後祈禱」（spray and pray），指出創投基金「投資六十家公司，希望其中一兩家成為下一個獨角獸企業，卻沒有用心發掘和培育穩健成長、財務可靠的企業。然而要有這樣的企業，才會有穩定的經濟[19]」。創業家兼創投家弗雷德里克．D．斯科特（Fredrick D. Scott）說得更直接：「這種『投資』方式說白了，就是把東西往牆上一扔，只求有一坨屎黏得住[20]。」

由於整體報酬不理想，創投公司只能靠全球前幾名的基金撐場面，強調這些基金**確實**賺得很多。於是，創投推手們酷愛分享排行前25%的創投基金，也就是所謂的「**頂尖四分位**」（top quartile），以凸顯這些業績。一位創投公司創辦人說：「排名前25%的創投基金報酬不錯，而排名前1%的基金更是輾壓99%的同行，報酬格外亮眼[21]。」

一項研究追蹤了一千三百二十九檔基金，雖然網路泡沫化之後報酬減少，但是排名前25%的基金，平均報酬仍超過2.5倍。但其餘75%的基金，平均表現卻不佳[22]。請見圖表5。

圖表5　創投基金排名與平均報酬

排名	平均報酬	
排名前25%	5.34倍	3.84倍
排名前25%至50%	2.16倍	1.85倍
排名前50%至75%	1.32倍	1.3倍
排名後25%	0.69倍	0.72倍
	2000年前成立	2001年後成立

但這種分析是有問題的。全球排行前幾名的基金之所以表現格外優異，是自我實現（self-fulfilling）的結果。舉例來說，如果到某個城市去測量身高排行前25%的人，這

群人的身高平均下來當然會很高。這種分析方式會讓人誤以為前幾名創投基金的投資策略非常厲害。然而，這些基金之所以名列前茅，恐怕不是因為出色的投資策略，而純粹只是機緣巧合，或運氣好罷了。

如果真的有一家創投公司，旗下每檔基金都穩居前幾名，我們就能說它的投資策略很厲害。不過研究顯示，排行前幾名的基金，雖然在未來可能繼續領先，但這種優勢撐不了多久，並不值得有限合夥人參考。假設創投公司某一檔基金排行前25%，那麼這家公司新募集的基金，有33%的機率擠進前25%[23]，雖然略高於隨機的25%，但仍有高達67%的機率會表現不佳，落入排名後25%。

此外，有一項研究指出，排行前幾名的創投公司，未來之所以繼續名列前茅，恐怕不是實力超群，而是因為一次偶然的成功提高了創投公司的聲望，因而更容易吸引良好的投資機會：「如果創業家有許多選擇，通常會選擇聲譽良好的創投公司，哪怕交易條件差一點也沒有關係[24]。」此外，名列前茅的創投資金，只要在業界待久了，神話也會逐漸破滅：「投資數量越多，成功率終究會趨近行業平均水準。」

這些結果顯示，對有限合夥人來說，創投模式大致沒什麼成效。只有少數幸運兒賺到錢，但要在下一檔基金連勝的機率不高。把你的退休金或大學學費投入創投公司，別指望會像創投公司說的那樣大幅增值。這樣看來，根本沒有必要冒那些風險。然而，我們接下來會看到，創投模式對別人可能沒有好處，但對創投公司本身倒是相當有利。

創投公司的主要收入來源：管理費

想像一下，如果仲介公司只要幫你刊登房子，無論是否成交都可以向你收取管理費，你可能會擔心他們不會全力幫你賣房，反正怎麼樣都有錢拿。你甚至會懷疑仲介公司會不會只顧著找房源以收取更多管理費，而非專心幫你賣房子。正因如此，房地產仲介公司多半是「不售出，不收費」的營運模式。

然而創投公司不一樣，無論業績如何它們都賺得到錢。一檔為期十年的基金，創投公司總共會收取的管理費，相當於基金規模的 15％左右：前五年每年收取 2％，之後每年收取 1％。比如說典型 1 億美元的創投基金，創投公司會收取 1,500 萬美元的管理費。

創投公司賺大錢的妙招，就是上一檔基金還沒個下文，就急著募集新一檔獨立基金。它們平均每隔 2.25 年就會募集一檔新基金[25]，而這導致了超大型創投公司的崛起。目前全球最大的創投公司安德里森・霍羅維茲（Andreessen Horowitz），七年內募集了多檔基金，總金額高達 350 億美元。2021 年甚至創下紀錄，光是那一年就募得「45 億美元的加密貨幣基金，50 億美元的成長基金，25 億美元的創投基金，以及 15 億美元的生物科技基金[26]」。這家公司光靠管理費，每年就有 5 億美元收入。全球第二大創投公司紅杉資本，2018 至 2022 年募集了 260 億美元[27]，每年的管理費收入達上億美元。

創投公司多募集一檔基金，並不會增加多少行政成本，因此多賺的管理費大多直接轉為利潤。創投人士布萊德・費爾德（Brad Feld）解釋：「創投公司募集一檔新基金時通常會擴大人員編制，但也不見得會這樣做，更何況人員擴編的幅度跟管理費的漲幅也沒有成正比。因此，多募集一檔基金，創投公司的資深合夥人也會跟著調薪[28]。」

完全不用看業績就可以領取傲人薪資，讓許多人開始懷疑創投公司的動機。對此，查理・蒙格這樣說：

> 早在 2000 年，創投基金籌措了 1,000 億美元，投入網路新創企業。沒錯，就是 1,000 億這麼多！

還不如把500億裝到籃子裡，用焊槍點火燒掉算了！靠著管理費維生的投資管理，就是會造成這種亂象。每個人都想成為投資經理人，盡量募集越多的資金，互相瘋狂交易，從中刮取管理費。我認識一個非常聰明、有才華的投資人。我問他：「你都跟客戶說，能夠為他們賺多少報酬？」他回答：「20%。」我簡直不敢置信，他明明知道那是不可能的。但他說：「查理，如果我說出更低的數字，他們就不會把錢交給我投資！」投資管理業簡直是瘋了[29]。

有位失望透頂的有限合夥人發布了一份報告，直接了當地說「錢花在哪，報酬就在哪」，暗指創投公司的賺錢管道是「募集基金，而非培育新創企業」。以下是報告內容：

最大的錯誤是，有限合夥人給創投公司的錢，其實跟創投公司吹噓的承諾脫鉤了（說什麼報酬會超越股票市場）。反之，創投公司賺錢的管道，其實是2%的管理費和20%的利潤分成，也就是「2%＋20%」。如果是這種模式，創投公司會傾向募集更大的基金，即使普通合夥人搞砸了，導致有限合夥人血本無歸，仍可以穩穩收取高額管理費，確保自己有可觀的收入[30]。

2022年，《財星》雜誌（*Fortune*）有篇文章指出，安德里森．霍羅維茲創投公司**疊收費用**。籌措了這麼多的基金，光是靠這些管理費，就算沒有利潤分成也能夠盈利。隨著安德里森．霍羅維茲擴展到金融市場各個領域，資產組合越來越多元，應該會創造更多管理費[31]。

如果創投公司表現不錯，大家就不會認為管理費是主要收入，畢竟20%的利潤分成可以賺更多。然而我們已經在前面看到了，創投基金的整體表現不理想，於是管理費成了主要收入。法學教授凱薩琳．利瓦克（Katherine Litvak）研究六十八檔創投基金，結果發現「創投公司的基本薪資，大約有一半來自無風險的管理費」。對此她提出結論：「大家都沒有想過，創投公司的收入其實跟業績沒太大關係[32]。」一位創投公司創辦人也承認：「基金的表現一向慘兮兮，經理人早就不指望那20%的業績分潤，只能靠管理費過日子[33]。」

大家可能以為，從長遠來看，如果創投經理人只在乎管理費，卻沒有創造豐厚報酬，恐怕會傷害職業生涯。有人提出了相反的觀點：因為有限合夥人「做投資決策時，十分重視關係[34]」，因此即使經理人過去的業績不佳，只要彼此關係不錯，仍會繼續合作。

我們接下來會看到，有些人開始質疑管理費太高，認為創投公司採取具有爭議性的手段來募集更多基金。

龐氏騙局？

2012年，美國非營利組織考夫曼基金會（Kauffman Foundation）決定回顧過去二十年來以有限合夥人身份投資創投基金的成果，結果令人憂心。他們所投資的創投基金，前兩年一向有超級優異的表現，這正值創投公司募集新一檔基金的時期。但只過了兩年，業績表現就大幅下滑，長期低迷。請見下頁圖表6。

考夫曼基金會推測有兩個可能，一是基金經理人操弄初期的數據，二是基金經理人只在成立初期賣力工作，如此一來，募集下一檔基金時，就可以展示良好的業績數據。基金會指出：「基金經理人只重視初期的業績，因為這段時間的業績，攸關下一檔基金募資的成敗，真令人憂心。」這份報告也指出，創投公司「在基金成立初期，屢次大幅

圖表 6　創投公司長期回報的報酬

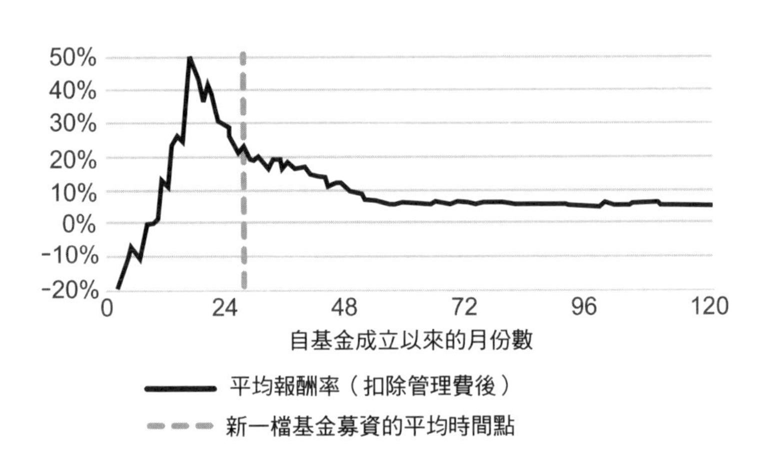

調高投資企業的評價，營造出正報酬」，然後「在基金後續期間，表現會迅速回落」。基金會表示，自 1995 年來，這種趨勢變得更明顯：「我們表現最好的基金，都是在 1995 年以前成立的，往往要等到第六年或第七年，報酬才會達到高峰。然而到了 1990 年代後期，模式開始改變，報酬高峰幾乎都發生在前五年，往往是最初的三十六個月。」

2016 年，有一項系統性研究鎖定一千零七十四檔基金，試圖確認基金經理人是否操弄報酬報告，結果顯示確實有這種情況：「那些表現不佳的基金經理人，會在募集新基金時刻意調高回報的數據。」等到募集完畢，回報的數據會迅速下滑[35]。然而，研究也顯示，若過度誇大數據，反而會適得其反，因為有限合夥人會「識破大部分的操弄行為」。因此，作者推測早期回報的數據飆升，不見得是刻意操弄。比如說新基金籌措完成，創投公司可能「將心力（以及更好的交易）投入新基金」。即便如此，該研究依然痛批「這是在讓前一檔基金的有限合夥人承擔成本」。

為了釐清問題的源頭，我們要知道創投公司如何計算報酬。基金成立初期，大部分投資尚未退場。因此，創投公司會計算未來的潛在收益，亦即**未實現收益**（unrealized gains），這是預期往後會實現的報酬。創投公司有各種計算未實現收益的方法，但這些方法都有點主觀。創投公司安德里森．霍羅維茲在官網解釋，這種計算「更像是一門藝術，而非科學」，最終數據「因人而異」[36]。

比如有一種計算未實現收益的方法，就是估算新創企業的價值成長，拿它跟股票市場上類似的公司比較。創投公司安德里森．霍羅維茲解釋：「假設你投資的新創企業營收是 1 億美元，然後在股票市場搜尋『類似的』公司，結果發現該公司的評價為營收的五倍，那麼你投資的那家新創公司，評價就是 5 億美元。」

另一種計算未實現收益的方法，大概是目前最常用的，就是對比兩個數值，一是創投公司提供的初始評價，二是最近一輪融資，參與創投公司給出的評價。假設第一家創投公司以 1,000 萬美元的評價，投資某新創企業，隨後有另一家創投公司加入，以 1,500 萬美元的評價投資。於是，在第一家創投公司看來，這就是 1.5 倍的未實現收益。然而，這種計算方式依然很主觀，因為取決於另一家創投公司認定的評價，一旦後者給出過高的評價，前者列出的未實現收益就會很可觀。這裡提醒一下，如果下一輪募資的評價較低，早期投資人就會有未實現損失，這在創投界十分罕見，因此令人憂心[37]。

於是有些人懷疑，創投公司不斷拉抬評價、誇大未實現收益。有位創投人士寫了公開信，批判這種態度：

> 創投公司習慣在最後幾輪融資，互相投資對方的新創企業，這樣可以把評價推高，大幅拉抬基金的業績。這些拉抬和紙上富貴，會幫助創投公司募集更大的基金，享受基金帶來的管理費。……支付更高的評價，或者調高企業評價，基金經理人就越難拿到業績分潤，卻更有機會募集更大的基金，並賺取鉅額管理費。由此可見，這隱含嚴重的失衡[38]！

這位作者下了一個結論：「當我們陷入這個模式，從許多方面來看，就是在製造龐氏騙局，不僅危險，風險也很高。」龐氏騙局是一種詐欺，詐欺的一方誆騙早期投資人，營造虛假或無法持續的收益，藉此吸引更多投資人。

有些人也發現，創投公司回報業績的指標，有時會令人誤解，甚至遭有心人士操弄。其中一個常用的指標是**內部報酬率**（Internal Rate of Return, IRR）。這個指標將報酬倍數（包括未實現收益）轉為年化百分比，例如將「2.5倍」轉為「每年30%」。這個指標之所以熱門，是因為投資人分析公開市場的投資，例如股票或債券，習慣以百分比呈現年化報酬率。

IRR的計算繞來繞去，把早期報酬看得比後期報酬更重要。如果有一部分投資早點退場，百分比就會推高[39]。這個指標遭受兩個方面的批評。第一，有人認為這容易受到操弄，或者有短視近利的嫌疑。例如考夫曼基金會認為，這變相鼓勵創投公司「快點出售手上的新創企業，在短期製造高IRR」，而非關注新創企業的長期成長和擴張[40]。第二，IRR數據常跟股票市場的年化報酬率進行比較，這會令人誤解，因為兩者的計算方式並不相同（例如早點退場的情況，往往會拉抬IRR數值）。

經濟學家盧多維克・法里普（Ludovic Phalippou）解釋道：「如果把 IRR 視為實際報酬率，數值會高到不合理。這種高到不合理的 IRR，竟然拿來跟股票市場的報酬率比較，當然會誤導人[41]。」法里普指出，IRR 經常拿來跟股票市場報酬率相提並論，但他認為這不是刻意的操弄，而是許多人「不明白 IRR 數值有什麼核心缺陷」。

「更傻的傻瓜」理論

2019 年 7 月，有消息指出 WeWork 創辦人亞當・紐曼（Adam Neumann）私下變現公司股份。他將一部分股權出售，然後用剩餘股權質押，向銀行貸款。藉由這些交易，他總共獲得 7 億美元的現金。幾個月後，也就是 2019 年 9 月，一件惡名昭彰的事件發生，WeWork 取消首次公開發行，大家對這家公司的狂熱瞬間崩塌，而且無法挽回。紐曼選擇在正確的時機套現！

如果要出售股份並從中獲利，就要找到願意支付高價的狂熱買家。如果新創企業展現強勁的前景，那就有可能實現。然而，有些人懷疑，就算投資價值高估的新創企業，只要找到願意支付更高價格的買家，還是可以賺到錢。說不定，這個買家還能夠賣給其他願意支付高價的買家，依此類推。關鍵就在於趁早套現，趁空中樓閣倒塌之前離場。這種現象有一個非正式的名稱，叫做「**更傻的傻瓜理論**」（greater fool theory）。經濟學教授維姬．博根（Vicki Bogan）這樣解釋：

> 依照更傻的傻瓜理論，在市場泡沫期間，就算購買價值高估的資產，還是能售出獲利，反正總是能找到願意支付更高價格的買家。……然而不幸的是，泡沫一如既往地最終破裂，如果你是那個持有資產卻找不到買家的人，恐怕會損失一大筆錢[42]。

如今有越來越多人認為，更傻的傻瓜理論也可以套用在新創企業的世界。投資銀行家卡拉姆．欣杜賈批判創投產業的投資行為：「創投人士以 X 的評價進場，然後拉抬表面價值，讓評價變成 X ＋ 10，吸引下一個投資人，為早期投資人帶來報酬[43]。」億萬富翁企業家納瑞亞納．穆棣（Narayana Murthy）也批評創投公司：「我參與 B 輪融資。我賣出早期投資輪次的股份，然後出場，最後讓 Z 輪投資人接手爛攤子[44]。」其中的「A 輪」、「B 輪」等，意指新創企業在不同階段融資的輪次。

一位科技企業家看到創投的現狀也深表遺憾，認為：「這個產業受制於封閉的創投圈，圈內人共享投資機會，利用極高的評價為他們所投資的新創企業提供資金。他們相信，早一步入場會吸引更多投資人進場，進一步拉抬評價。華爾街把這種投資方式稱為『更傻的傻瓜理論』[45]。」

如果「更傻的傻瓜理論」成立，新創企業那些利益關係人想必荷包滿滿，包括創投人士、有限合夥人，還有新創企業的創辦人和執行長，這些人都可以趁著泡沫高峰，出售企業股份獲益。欣杜賈進一步解釋：「既然新創企業的創辦人和執行長也參與其中，就不會專心穩定公司業務，而是忙著『包裝』公司，吸引下一輪融資。這其實是在做品牌、做行銷，目的是吸引下一批投資人，或者吸引大公司收購，而不是認真管理公司的營收、成本和營運。」我們先前就有提到，WeWork 創辦人紐曼利用市場對這家公司過高的期待大賺一筆，但這些熱情很快就消退了。我們也看到創投產業在 1990 年代末期，利用網路泡沫獲取驚人的報酬，並趕在泡沫破裂前及時套現。

如果「更傻的傻瓜理論」有一定的道理，那麼創投公司就需要卓越的說故事能力，說服其他人加入投資的行列。

好故事如何引人上鉤？

2019 年，商人山姆・班克曼－弗里德（Sam Bankman-Fried）成立新創企業 FTX，讓用戶能夠投資加密貨幣。兩年後，這家新創企業向多家創投公司募得 9 億美元，其中一家是紅杉資本，他們向 FTX 投資了 2 億 1,400 萬美元。紅杉資本甚至在官網刊登了一篇戲劇化的傳記，描述班克曼－弗里德的職業生涯和人生選擇，洋洋灑灑寫了一萬三千字，相當於本書整整兩章的字數，篇幅甚至超過維基百科對英國女王伊麗莎白二世的介紹。傳記一開頭，先介紹了班克曼－弗里德早期的職業生涯和慈善活動，例如他曾「將 50％的收入捐給他喜愛的慈善機構」，以及「他有自己的部落格，記錄他對生命意義的探索[46]」。

接著，這篇傳記描述班克曼－弗里德驚人的工作態度：「山姆・班克曼－弗里德不停地工作。他工作時別人剛到公司，而當別人下班離開，他還在工作。開著一場接著一場的 Zoom 視訊會議，他總是戴著耳機，整天跟電腦賴在一起。我唯一見過他『斷線』的時候，就是他癱倒在辦公桌旁的懶骨頭小憩。」文章還附上班克曼在辦公室懶骨頭打盹的照片。然而，隨著 FTX 四處詐騙的行徑曝光，紅杉資本就刪除了這篇傳記。

從這篇史詩般的傳記可以看出，創投人士是說故事大師。他們喜歡合作的對象，往往也是擅長說故事的創辦人。歷史學家瑪格麗特·歐瑪拉解釋：「說一口好故事，正是成功創辦人的必備能力，能說服投資人投資你的公司[47]。」這也可以套用到 PowerPoint 簡報。一位創投人士透露，他們審查創辦人的簡報時：「投資人不僅評估你公司的故事，也在評估你說這個故事的能力[48]。」

大家都知道，WeWork 創辦人紐曼尤其會說故事。2015年，有一份募資文件外洩，外界終於明白，為了募集 3 億 5,500 萬美元，紐曼如何向創投人士展示 WeWork。一位科技記者完整分析這些文件，最後做出總結：

> 這個故事講得真好！從募資文件來看，這家公司有驚人的發展軌跡：利潤、會員數、門市都大幅成長，令人稱羨，使用率幾乎達到百分百。但這份文件也顯示，WeWork 仰賴需求預測和某些會計技巧，兩者都是私人企業常用的策略，讓毛利率跟雄心壯志一樣高昂……WeWork 掌握這種說故事的藝術，能夠鎖定大筆的融資。明明只是一家房地產公

司，硬是說成了一家敏捷的矽谷軟體公司，因此獲得那樣的聲量和評價[49]。

紐曼沒有妥善管理 WeWork，因此遭受外界批評，最終離開公司。你可能以為此後他很難再獲得創投的支持，然而事實並非如此。紐曼離開 WeWork 三年後，創立了一家名為 Flow 的房地產新創企業。創投公司安德里森・霍羅維茲投入高達 3 億 5,000 萬美元，Flow 還沒開始營運，評價就超過 10 億美元，躋身獨角獸企業之列。這是安德里森・霍羅維茲史上最大一筆投資[50]。

紐曼的新公司鎖定私人住宅，但具體營運方式仍不清楚。安德里森・霍羅維茲表示，該公司將結合「以社區為導向、以體驗為核心的服務，並融入前所未有的最新技術，創造一個讓租戶享有屋主權益的系統[51]」。這家創投公司還另外補充，Flow 的主旨是「改造實體空間，進而創造人與人的連結，在人們最常駐留的地方，也就是家中，建立社群」。如此模糊的敘述，是不是跟 WeWork 的理念出奇地相似？安德里森・霍羅維茲是這樣解釋他們投資的原因：

亞當是一位有遠見的領袖，將「社群」和「品

> 牌」引入原本缺乏這些元素的產業，徹底顛覆世上第二大資產類別，亦即商業房地產。……人們往往忘了，世上只有亞當・紐曼這個人，重新形塑了辦公室體驗，並領導著一間顛覆行業規則的全球公司。我們明白做這種事情有多難，也樂見有經驗的創辦人從過去的經驗中學習，並再次崛起。

安德里森・霍羅維茲之所以支持紐曼，大概是相中他活力滿滿、擁有卓越的溝通技巧，這樣的創辦人有助於推廣公司業務。但如果我們相信「更傻的傻瓜理論」，就可以提出另一種更有批判力道的解釋：這家創投公司選擇跟擅長說故事的創辦人合作，這樣就可以訴說更動人的故事，鼓吹下一輪投資人。

「更傻的傻瓜理論」的信徒甚至指出，正因為熱愛編故事，創投公司才會熱衷於「下一波大熱潮」，比如區塊鏈、生成式AI、非同質化貨幣（Non-Fungible Token, NFT）、自動駕駛汽車等。創投人士或許真的相信，這些科技有改變世界的力量，又或者他們只是喜歡這些技術聽起來很厲害、能夠編出精彩的故事。創業家欣杜賈指出，創投公司早已淪為「回音室，各自宣稱發現『下一波熱潮』，彼此助長聲勢。……機器人技術或 AI 確實很能搶頭條，但財務模式健不健全，似乎沒有人在乎[52]。」一位科技記者甚至認為，ChatGPT 早期的炒作，其實是創投公司的詭計，以免大家關注 2022 年科技業低迷的現狀：「矽谷期待 AI 狂熱能留住客戶和投資人的目光，直到資產負債表恢復正常的那天[53]。」

科技業簡直是浮誇敘事的天堂，新創科技公司都還沒盈利、還沒建立穩固的商業模式，就急著出售公司股份。在這個行業，未經驗證的商業模式總讓人熱血沸騰。故事越誇張，報酬就越高。

是支持創新還是製造騙局？

創投人士大膽的行動，通常會引發兩種截然相反的解讀。其中一種偏向坦率之心，認為創投公司支持勇敢的創新，要是沒有創投公司，就不會有像蘋果這樣的企業。但另一種觀點偏向懷疑之眼，質疑創投公司的決策受制於只為了累積管理費的龐氏騙局或「更傻的傻瓜理論」。在本書前幾章，我們探討許多創投公司大膽投資的例子。有時這些決策跌破大家的眼鏡，甚至看似滑稽，比如支持果汁機新創公司 Juicero。接下來，我們一起審視這兩種觀點，看看它們各自如何看待創投的大膽決策。

第 1 章提到，創投公司經常對「奇蹟」下注，專挑那些在商界難以成功，或者壓根不知道怎麼做產品的新創企業。如果是坦率之心的解讀，會認為創投公司的投資策略基於「冪次法則」：因為想大贏一場，所以要投資偉大的構想。然而，懷疑之眼的解釋會認為，創投之所以偏好浮誇至極、天馬行空的想法，是因為能吸引眾人目光，引誘其他投資人跟進。一位創投人士透露：「他們就愛製造一種錯失良機的恐懼感，其他人看到你投資一家瘋狂的新創企業，心裡就想：『這幫人肯定知道什麼內幕』，於是也想跟風。」

第 2 章探討護城河，即企業為了防禦競爭對手、長期獲取豐厚利潤，不得不設立保護屏障。然而，我們也看到了，創投公司押注的新創企業，經常缺乏護城河，或者不可能建立護城河。從坦率之心來看，創投把希望寄託在未來，期待新創企業會找到建立護城河的方法；畢竟商業策略要伺機而動，適應瞬息萬變的環境。從懷疑之眼來看，創投公司根本不在乎什麼護城河或長期前景，反正目標是提早退場。事實上，如果「更傻的傻瓜理論」說得通，最好誇大新創企業的護城河，這樣才能說服下一輪的投資人。

我們還介紹了一些詐騙投資人的新創企業，例如 Theranos 和 FTX，它們從投資人那裡獲得源源不絕的資金。從坦率之心來看，這些只是不幸的例外，創投公司跟客戶一樣都是受害者，慘遭不誠實的創辦人欺騙。從懷疑之眼來看，創投公司拉低盡職調查的標準，完全不重視長期利益。《金融時報》（*Financial Times*）有一篇文章指出：「現在難道都沒有人做盡職調查嗎？……就連矽谷資深交易推手也坦言，投資的標準越來越低[54]。」

坦率之心和懷疑之眼，哪一個最能解釋創投的大膽選擇呢？兩個觀點似乎都有道理。值得注意的是，懷疑之眼的意思並非認為創投公司在蓄意欺騙，或者行為不理性。任何看似奇怪的投資決策，可能只是在追求更高的效率，優先採取特定行動，創造最直接、最具體的結果。

為何持續投資創投？

如果創投表現不理想，為何大家要繼續投入資金？考夫曼基金會指出：「若想要真正理解創投的『問題』，提出建設性的解決辦法，一定要追蹤資金流向。這一切都是在有限合夥人董事會議決定的，而這是投資委員會監督創投的場所。在這個會議室，大家會分配創投資金、評估基金表現、聆聽投資顧問的意見、批准投資決策……我們不禁好奇：為何有限合夥人如此執著，儘管創投的長期表現不佳，仍然堅持投資創投公司[55]？」

考夫曼基金會提出幾個結構性問題，來解釋為何創投公司長期表現不佳，仍可以吸引大家投資。比方說，有限合夥人的投資委員會往往會強制其成員投資創投基金：「依照這類強制規定，委員會成員會提撥固定比例的資金或固定金額，投入創投公司……如果有這項規定，有限合夥人就好像錢會燙手一樣，迫不及待想拿錢給創投公司。」為什麼有這些強制規定呢？因為太相信創投公司的報酬潛力，有時甚至受到投資顧問的影響：「投資顧問靠著調查和推薦創投公司來賺取服務費和收入，因此對他們來說，恐怕沒有足夠的誘因對績效不佳的投資提出獨立而客觀的批評。」此外，有限合夥人的手下甚至有一批員工，專門負責創投公司的投資案。因此，考夫曼基金會發現：「這些投資人根本沒有動機向投資委員會坦白，說創投產業的績效不如人意，或者創投產業只是想收管理費……畢竟沒有人想因為提出質疑而害自己丟掉飯碗。」也有人認為，創投公司誇大早期的回報，反而對有限合夥人的員工有利：「這正中他們的下懷。有了帳面增值和預期報酬，剛好能討好主管[56]。」

再者，有限合夥人似乎也不願質疑創投公司「2％＋20％」（2％管理費與20％利潤分成）的報酬結構，擔心破壞跟創投公司之間的關係，有可能因此錯失良好的投資機會。考夫曼基金會解釋道：「就算有限合夥人可以投資全球前十大或前二十大頂級基金，卻沒有立場爭取資訊透明度或對自己更有利的條款，因為後面還有很多人排隊等著投資。」一位有限合夥人甚至坦白，他不在意管理費，因為「那些人也要生活」。

我建議進一步追查資金來源，不僅限於有限合夥人。過去幾年來，由於貸款容易，加上政府補助，一堆廉價甚至免費的資金流入科技業。或許這就是根本原因。

第 4 章

貨幣政策與政府補助如何加劇泡沫化？

2008 年，金融危機的規模非比尋常，對歐美而言甚至堪稱1930年代以來最嚴重的經濟危機。為了幫助經濟復甦，全球央行採取極端措施，將借貸成本（即利率）降到趨近於零，而這種情況竟然維持了十年左右。這稱為**零利率政策**（Zero Interest Rate Policy, ZIRP），而有趣的是，這個縮寫的英文發音跟「打嗝」（burp）剛好押韻。零利率政策還伴隨其他跳脫傳統的政策，其中一些前所未有，因此沒有人能預測後續效應。

降息是對抗經濟衰退的常見對策，對經濟有兩大影響。第一個影響非常直接，就是讓借錢這件事變便宜。政策制定者希望提供「廉價的資金」，鼓勵企業和家庭借貸並盡量消費，以刺激經濟活動復甦。第二個影響比較微妙，但同樣重要。利率下降時，如果選擇安全的投資工具，例如政府債券，就不會有可觀的報酬。既然保守型投資的吸引力降低，政策制定者就會期望創業家去探索不確定的新業務。同時，也鼓勵投資人「追逐收益」，放棄安全的資產，轉向股票或創投等高風險資產。

想像一下，你存了 50 萬美元的退休金，並用這筆錢投資年報酬 5%的安全資產。這個報酬率不算過分。20 世紀大部分時候，美國兩年期國債就有 5%報酬率，相當穩定。

投入 50 萬美元，每個月大約有 2,000 美元的收益，夠你安穩退休。

但現在想像一下，這些資產的報酬率突然降到 0.25%，並在實施零利率政策期間長年維持這個水準。如此一來每個月的投資報酬只剩下 100 美元，可能會破壞你的退休計畫。為了追求更高的報酬，你的基金經理人可能賣掉債券，轉而將資金投向公司債券和創投等，期待更高的報酬。然而，這麼做的代價就是承擔較高的風險，因為投資這些資產可能會突然蒙受鉅額損失，並容易受到商業環境波動的影響。所謂零利率政策，就是讓利率趨近於零，旨在鼓勵投資人勇敢承擔風險。這只是政策的亮點，而不是漏洞。

零利率政策可以刺激經濟，甚至「鼓勵創新」，因而受到讚揚[1]。但有些人不這麼想，擔心強制冒險的政策會帶來問題，例如可能助長「獨角獸泡沫」，製造出一堆類似 Juicero 和 WeWork 的公司。

本章將先探討央行調整利率的機制。接下來，介紹爭議性的**量化寬鬆**政策，如何把利率政策推向全新的高度。然後，分析這些政策是否導致 2010 年代和 2020 年代初的獨角獸熱潮。我們還會探討一些經濟學家的觀點，這群人擔心利率政策會造成傷害。最後會聊到有些政府提供「免費」的資金，鼓勵科技新創企業創新。這些資金無須償還，可能進一步助長科技泡沫。

助長泡沫的貨幣政策

如果放任利率不管，利率會由市場力量決定，貸款人和借款人會依照各自的偏好協商出價。然而，中央銀行會干預貸款市場，舉凡美國聯邦準備系統（簡稱「聯準會」）、英格蘭銀行、歐洲中央銀行，都會改變原本由市場決定的利率。

大家所謂的**利率**，常指極其穩定的短期貸款利率，這是一般民眾貸不到的利率，比如說美國**聯邦基金利率**（Federal Funds Rate），這是商業銀行之間互相借款的利率。有時候，商業銀行需要互相借款，但仍要履行義務，遵守監管機構的規定，因此聯準會設置銀行間的短期基準利率。

利率會影響整體經濟，因為這是各類貸款的基準利率，也可以衡量各類資產的報酬率。例如安全資產的投資報酬率，通常跟聯邦基金利率差不多，因此會跟著它波動，比方說短期國債就是安全資產，這是貸款給政府的債券，在公開市場出售，而政府很快就會償還本金。

如果聯準會要調降聯邦基金利率，其中一個方法是定期購買商業銀行（如滙豐銀行）持有的資產。聯準會往往會購買安全資產，例如上述的短期國債，以高於市場的價格購入，鼓勵銀行出售。商業銀行將債券賣給聯準會，銀行的金庫就有更多的資金，商業銀行之間就更願意借貸，進而降低聯邦基金利率。於是，聯準會的目標就達成了。

零利率政策期間，央行大批收購債券，把利率壓到零。結果呢？安全資產的報酬率趨近於零，投資人只好遠離這些資產。然而，政策制定者還不滿足，希望進一步復甦經濟。他們心想：「如果**高風險**資產的報酬率也一起降低呢？」這樣會鼓勵投資人出售高風險資產，轉向更高風險的資產。

為了實現這個目標，各地央行實施了史無前例的政策，不久後就被稱之為**量化寬鬆政策**（Quantitative Easing, QE）。執行方式包括反覆購買大批的高風險資產，而非一般的短期國債，進而拉抬這些資產的價格，降低民眾的報酬率。例如聯準會大肆收購長期國債，這是一種貸款給政府，多年後才能拿回本金的資產。聯準會也大肆採購抵押貸款證券（mortgage-backed securities），而這正是引發2008 年金融危機的「問題資產」。

央行不向商業銀行購買，而是直接向投資機構購買，讓投資機構利用這些收益去投資更高風險的資產。英格蘭銀行解釋：「央行鎖定保險公司和退休基金等非銀行機構，收購他們長期持有的資產，以鼓勵他們投入其他更高風險的資產，像是公司債和股票[2]。」

量化寬鬆的政策規模很驚人，不妨參考2011年的文章，聯準會經濟學家提出了以下解釋：

> 2008年12月至2010年3月，聯準會收購超過1.7兆美元資產，包括長期機構債務、固定利率機構抵押貸款證券、國債，總計7.7兆美元，聯準會一舉收購其中的22%。……我們相信，無論是公共或民間的投資人，從未在如此短暫的時間內，累積如此大量的證券[3]。

更何況，這只是一個開始。零利率政策和量化寬鬆計畫雙管齊下，多年來全球主要央行都貫徹執行，包括英格蘭銀行和歐洲中央銀行。

到了2015年，這些非常規政策似乎要劃下句點，因為聯準會調升聯邦基金利率，從趨近於零升至2.4%，量化寬鬆政策頓時喊卡。然而，英格蘭銀行的利率卻沒有變，維持在 0.75%以下，後續幾年仍繼續執行量化寬鬆政策。歐洲央行甚至實施負利率政策，如果商業銀行放款金額不足，還要繳費給央行，藉此鼓勵銀行放款。這種史無前例、不尋常的措施，正是非常規政策的巔峰。

2020 年，因應新冠肺炎疫情，美國重啟零利率和量化寬鬆政策，全球也陸續跟進加碼。只不過，這次量化寬鬆的規模更大。數字說明了一切[4]，請見圖表 7。

圖表 7　中央銀行資產

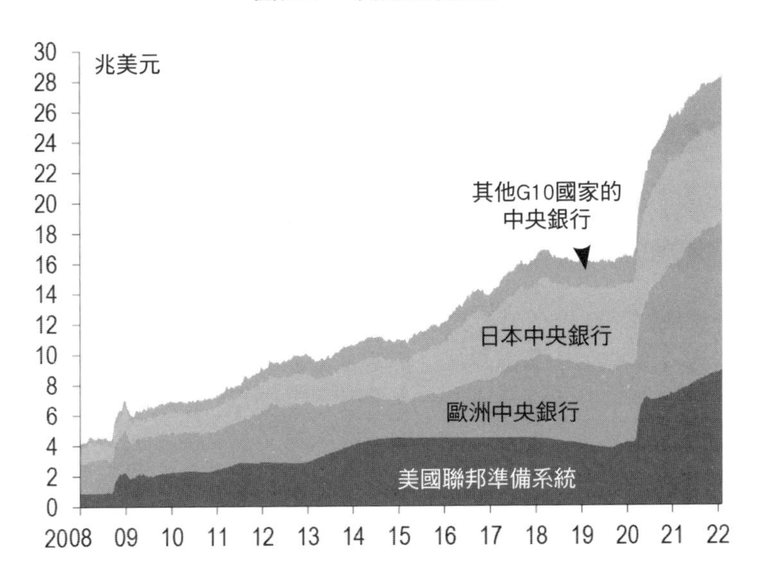

如圖所示，自 2008 年實施量化寬鬆政策開始，央行的資產開始大幅成長，尤其是 2020 年突然暴增。國際貨幣基金（International Monetary Fund, IMF）的報告提出解釋：「（因應新冠肺炎疫情）實施非常規干預措施，總規模令人震驚不已，國際貨幣基金估算全球總計有 7.5 兆美元[5]。」

這些非常規干預政策，在疫情期間變本加厲。例如英格蘭銀行收購了數十億美元公司債，而非一般的政府債券[6]。

央行收購如此大量的資產，資金從何而來？實際上都是央行憑空創造出來的。現代銀行系統大部分的資金，只不過是數位資料庫的紀錄，既然要實施量化寬鬆政策，大肆收購資產，那就把電腦裡面的數字換成更大的！假設聯準會向退休基金收購債券，退休基金在滙豐銀行開了活期帳戶。經過聯準會以及滙豐銀行的協調操作，退休基金在滙豐銀行的活期帳戶餘額會「神奇」一變，瞬間完成債券交易，這只是在聯準會和滙豐銀行的數據庫修改幾個數字而已。但有了這筆新資金，退休基金就可以投資其他地方[7]。

那麼，這些新創造的資金如何在經濟市場流通呢？舉例來說，退休基金的銀行餘額增加了，一部分就可以投入創投公司。創投公司再把錢交給新創企業，新創企業就有錢支付工程師的薪資或添購懶骨頭沙發。

這些年來美國活期帳戶餘額的數據[8]，請見圖表 8。

圖表 8　美國活期帳戶餘額

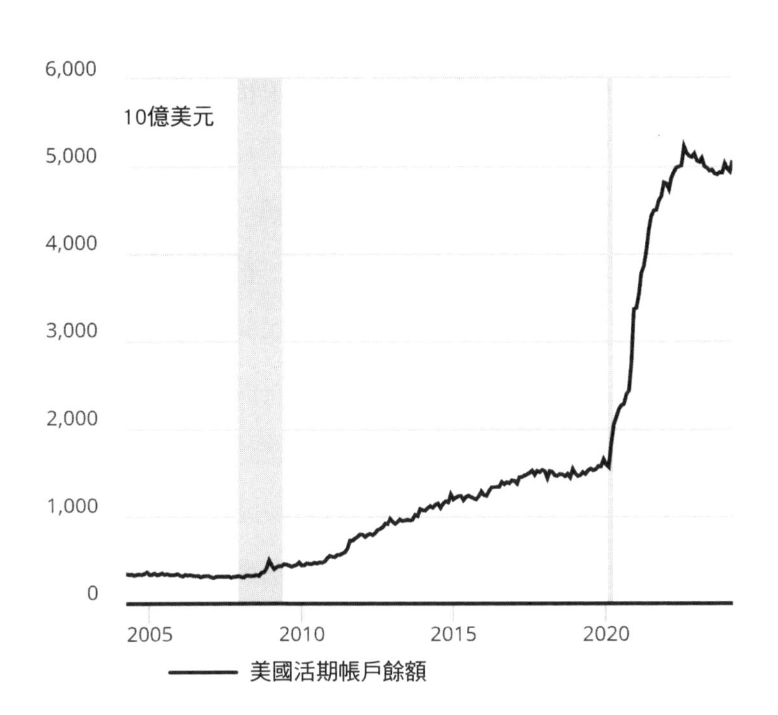

從圖表 8 可以看出，自從 2008 年實施量化寬鬆政策以來，一直在創造新的資金，活期帳戶餘額就迅速增加。疫情期間，量化寬鬆政策達到空前的規模，活期帳戶的餘額因而暴增。雖然在那段期間，其他因素也有可能影響餘額，例如儲蓄增加、借貸活動熱絡，但主因仍是推行量化寬鬆

政策，持續創造新的資金[9]。

有更多資金在市場流通，大家往往會擔心通膨，因為當資金過多，長時間下來，貨幣的價值就會降低。一些經濟學家不禁憂心，但實施量化寬鬆政策的頭幾年，通膨仍維持穩定，於是政策制定者對這項政策充滿信心。然而，通膨率不高，可能是因為新資金流向金融機構，而非直接流向民眾手中，結果導致金融資產價格上漲，但生菜這類日常消費用品並沒有漲價[10]。但一部分經濟學家堅信，只要新資金逐漸流向經濟大環境，家用品難免會在後期上漲[11]。

2021 年全球通膨飆升。經濟學家提出各種解釋，包括烏俄戰爭和疫情導致供應鏈中斷。有些人甚至把通膨歸咎於企業貪婪，稱為「貪婪型膨脹」（greedflation）[12]，但也有人不同意這些原因。前英格蘭銀行行長默文・金（Mervyn King）表示，央行應該問自己：「如果繼續以這種速度印鈔票，到底會發生什麼事？答案顯而易見，那就是通膨[13]。」

2022 年，央行決定採取行動，抑制通膨。央行開始出售量化寬鬆政策期間所累積的資產，銷毀一部分新增的資金，並大幅提高利率。例如美國聯邦基金利率在一年內，升息超過 5%。政策本來一直鼓勵的冒險投資戛然而止，導致科技業崩盤。

獨角獸企業的興衰

到了2010年代初，網路已經很普及。這導致新型態的新創企業激增，主要功能是連結人與人的關係。科技評論員湯姆·古德溫（Tom Goodwin）表示：「Uber是世上最大的計程車公司，卻不擁有車輛；臉書經營最受歡迎的媒體，卻不創造內容；阿里巴巴是最有價值的零售商，卻沒有庫存；Airbnb是最大的住宿供應商，卻不擁有房產。有趣的事情正在發生[14]。」

對許多新創企業來說，這種經營模式非常成功，因而飛速成長，多虧網路效應才可以維持競爭力，防禦其他競爭對手。其中許多公司展現驚人成長力，很快達到數十億美元的評價。反觀其他產業沒有那麼出色，投資人只好把希望寄託在科技業。然而，徒有熱情還不夠；投資人手頭還要有資金，並相信這項投資值得他們冒險。

許多人認為，2010年代的非常規經濟政策，助長了這波繁榮。科技記者亞歷克斯·赫恩（Alex Hern）表示：

> 常規投資的報酬率低，反觀創投生態系是少數敢喊出千倍報酬的金融商品，因此有大量資金湧入。

> 沒錯，風險很高，但反正（利率）這麼低，值得冒險。……員工午餐竟然有免費壽司可吃？這就是零利率政策亂象。新用戶享有大量折扣？這也是零利率政策亂象。砸大錢打造元宇宙？這絕對也是零利率政策亂象[15]。

《金融時報》有篇文章指出，創投的規模持續擴大，是因為「數十年以來資金成本低，加上安全的投資工具報酬率低落」，這導致創投從「數百萬美元的小規模投資輪」，一路發展到「數十億美元的鉅額交易」[16]。這種熱潮很快就成了普遍現象。《華爾街日報》（*Wall Street Journal*）一篇新聞提到科技狂熱，說這是「免費資金的甜蜜快感」[17]。全國廣播公司商業頻道（CNBC）也有一篇文章指出：「渴望收益的投資客，湧向最高風險的科技業……這股熱潮在2021年達到巔峰[18]。」需要注意的是，達到巔峰的2021年，正逢美國活期帳戶餘額創新高，以及因應新冠肺炎疫情來襲，美國再次實施零利率政策。

低利率的環境下，信貸變得很便宜，可以助長創投活動。例如矽谷銀行（Silicon Valley Bank）向創投公司提供數十億美元的信貸，搶在有限合夥人之前投資新創企業，加速了整個流程。矽谷銀行貸出的款項中，有將近一半就是這種類型。此外，矽谷銀行還會借錢給創投公司，幫忙履行出資的義務。還記得吧？創投公司也會投入一部分的資金，通常是基金總額的 1%，象徵它一起承擔風險。彭博社（Bloomberg）的文章這樣解釋：「即便基金規模達到數十億美元，募資速度加快，合夥人依然得向矽谷銀行申請個人貸款，湊錢跟客戶一起下注[19]。」

2022 年，隨著利率上升，新創企業的投資崩盤，因為安全資產變得更搶手[20]。到了 2023 年底，投資水準降至六年來新低，僅為 2021 年高峰的 40%。新創企業依賴持續的注資，無奈缺乏新資金，導致許多公司都資金短缺，未來岌岌可危。

接受創投資金的新創企業，主要銀行帳戶往往設在矽谷銀行，美國就佔了 50%之多，英國大約 30%。一位記者解釋，這是因為「在傳統銀行開戶並不容易，而且投資人與矽谷銀行關係密切」[21]。2022 年市場衰退後，矽谷銀行的存款餘額開始減少，因為新創企業還在燒錢，資金卻沒有跟上。

不久後，矽谷銀行發覺現金短缺，應付不了新創企業的提款需求，不得不開始出售資產[22]。然而，該銀行所投資的高風險資產，價格已經大跌，但即使虧損也要出售。矽谷銀行宣布發行新股來募資，此舉引發擠兌，許多驚慌失措的客戶想提光存款，結果矽谷銀行無力應對，最終倒閉收場。這是美國自 2008 年以來最大的銀行倒閉事件。最後，滙豐英國銀行以象徵性的 1 英鎊價格收購，並保障每一位客戶的存款。

科技業繼續崩盤，新創企業以創紀錄的速度倒閉，創投公司退場可獲得的資金大幅減少，從 2021 年 7,970 億美元，降至 2023 年 615 億美元[23]。獨角獸企業的榮景，並沒有預期的那麼持久。

零利率政策，治標不治本

如果你年紀夠大，可能還記得遊樂場有一種投幣遊戲，叫做打地鼠（whack-a-mole）。遊戲進行時，玩家要用槌子敲擊不斷從洞裡冒出來的塑膠地鼠，而當地鼠冒出來的速度加快，就會越來越難敲。最近發生的一些事件，看了讓人不禁聯想到這個遊戲，例如零利率政策就像經管界的打地鼠。治標不治本，甚至可能在其他地方製造問題。

我們回顧 1990 年代後期的美國。美國自從 1920 年代以來從未經歷過金融大泡沫，經濟自 1985 年以來保持穩定，因此有「大穩定時代」（Great Moderation）之稱。同時，網路迅速擴張，激發投資人莫大的熱情。這熱情其來有自，因為新科技確實改變生活，但似乎有點過於狂熱，因為即使是那些不賺錢的科技公司，民眾也願意支付天高的股價。這稱為網路泡沫。雖然網路崛起點燃這股熱情，但泡沫長大是需要燃料的。金融歷史學家威廉・奎因（William Quinn）說：「泡沫的燃料是資金和信貸。唯有當民眾擁有足夠的資本去投資這些資產，泡沫才可能成形，因此尤其容易在資金和信貸充裕時發生[24]。」

1998年，亞洲爆發一系列危機，導致市場動盪，經濟形勢更顯嚴峻。這些危機導致美國一家叫做長期資本管理公司（Long-Term Capital Management）的大型避險基金（hedge fund）倒閉。為了避免經濟衰退，聯準會號召其他銀行對這個基金進行紓困，利率從5.5%下調至4.75%，以刺激經濟。有人認為，這次降息是在助長網路泡沫[25]。此外，投資人回顧聯準會過往的政策，料想科技股一跌，聯準會就會降息「拯救」投資人，無疑又添了一把火[26]。再者，借錢買股票的行為越來越普遍，在那個時期暴增144%，為科技泡沫提供更多燃料[27]。

2000年3月，投資狂熱確實太過頭，網路泡沫因此破滅。聯準會為了冷卻經濟，清理爛攤子，有將近一年的時間利率都維持在 6.5%，這是十年來最高的水準，但沒有維持太久。

網路泡沫破滅引發經濟衰退，政策制定者決定拿出他們最愛的工具：降息。這次降息的幅度非常大——從 2001 年的 6.5% 降至 1.75%，到了 2002 年底再降至 1.25%，六個月後繼續降至 1%，創下 1958 年以來的新低。利率有一年的時間都維持在 1%，隨後也只是緩慢升息，帶來了很長一段時間的高風險投資期。然而，這項政策可能有意想不到的後果。經濟學家羅伯特・D・墨菲（Robert D. Murphy）開玩笑說，政策制定者「治療網路泡沫的處方，就是製造房地產泡沫」[28]。

低利率政策正逢金融創新，銀行比以前更容易提供房貸，因為銀行把大批房貸整合起來，全套出售給其他機構。低利率加上貸款容易，助長了一場史詩級房地產熱潮。在這次熱潮中，美國每年新建的房屋數暴增 20%[29]，每新增一名居民，就新建 1.47 棟房屋[30]，相當驚人。在世界上其他地方，也爆發了類似的房地產熱潮，尤其是英國、愛爾蘭和西班牙。

2008 年房地產市場崩盤，政策制定者決定繼續降息來對抗經濟衰退，開啟零利率政策和量化寬鬆的時代。正如前文所述，這可能促成2010年代和2020年代初的科技繁榮期。此時政策制定者治療房地產崩盤的處方之一，大概就是獨角獸泡沫吧？

如此看來，廉價資金一次次拯救經濟，卻也導致其他問題更快冒出來，讓人聯想到打地鼠遊戲。每次的解藥越下越猛，從低利率到更低的利率，再到零利率！廉價資金帶來的繁榮，會不會只是曇花一現？就像開派對狂歡、暢飲一夜後，隔天早晨醒來懊悔不已。

繁榮終致蕭條？經濟學的「宿醉理論」

20世紀以來，經濟學家研究經濟活動反覆的波動，也就是景氣循環（business cycle），並用各自的理論加以解釋。時間一久，這些理論逐漸融合，形成「新綜合理論」（New Synthesis）的框架[31]，至今仍是主流，並成為主流經濟學的基礎，引領著當代的政策制定者。

依照這個框架，各種無法預測的衝擊，自然會導致景氣循環中的「蕭條」。例如需求衝擊，當企業對未來突然喪失信心，開始刪減投資，經濟就可能進入螺旋式衰退。再來是供應衝擊，例如某些重要商品（如石油）價格突然上漲，導致經濟波動。其他衝擊則包括貨幣政策大轉彎，或者技術創新，都可能導致經濟波動。

然而，景氣循環還有其他解釋，來自「非主流」經濟學家，包括奧地利學派和後凱因斯學派（post-Keynesian school）。我之所以提到這些理論，是因為有別於主流理論，它們認為有些經濟繁榮注定難以為繼、早已埋下崩潰的伏筆，也就是說，繁榮本身就會醞釀蕭條。有人戲稱這些理論為「宿醉理論」（hangover theory）。鑑於近期的經濟事件，我們或許應該重新探討這些理論。

奧地利學派的景氣循環理論，由路德維希・馮・米塞斯（Ludwig von Mises）和弗里德里・哈耶克（Friedrich Hayek）於 1920 年代提出。該理論主張，央行出手干預、人為調降利率所帶來的繁榮不會持久，最終會以崩潰收場。而這正是我們要探討的問題。

該理論指出，人為調降利率，會導致投資不當（malinvestment），創業家把錢投入長期專案，消費者懶得儲蓄，未來就沒有錢消費。到頭來，創業家賺不到足夠的利潤以支撐這些長期投資[32]。以科技時代為例，由於利率太低，創投人士一窩蜂投資外送平台和電動腳踏車新創企業，結果最後才發現，消費者更愛自己下廚做飯，或者騎普通的腳踏車。

奧地利學派主張，如果政策制定者透過加碼降息政策來對抗經濟衰退，問題恐怕會惡化。1946 年，一位支持奧地利學派的記者出言警告：「人為調降利率，可能鼓勵借貸行為，這其實會刺激高度投機的高風險投資，但只要這些條件消失了，高度投機行為就無法存在。……簡而言之，廉價資金政策玩到最後，反而導致更劇烈的波動，但這明明是它原本要解決或防止的問題[33]。」

後凱因斯學派的靈感來源，正是經濟學家約翰・梅納德・凱因斯（John Maynard Keynes）於 1930 年代提出的理論。依據凱因斯理論，經濟很容易長期陷入低迷。後凱因斯學派承襲凱因斯的精神，同樣認為經濟缺乏效率且不穩定，反駁那些主張經濟會自我平衡的主流理論。1970 年代，這個學派的經濟學家海曼・明斯基（Hyman Minsky）提出**金融不穩定假說**（Financial Instability Hypothesis），這是有關景氣循環的宿醉理論。該理論主張在經濟繁榮期，企業和銀行會過度自信，因為此時貸款都能按時償還，久而久之，借貸變得不夠謹慎，如此樂觀的情緒導致信貸成長過快。到了經濟繁榮高峰期，有的企業瘋狂借錢，還必須借新債來歸還舊債的利息，這就是明斯基所謂的「龐氏金融」（Ponzi Finance）。最終，過度負債的企業無法履行還款義務，只好宣告倒閉。經濟崩盤後，恐慌的貸款人和借款人趨於保守，迎來新一輪的繁榮與衰退。

這兩個經濟學派（奧地利學派和後凱因斯學派）從未進入經濟學主流，但是自 2008 年金融危機以來，重新引發關注[34]。一些人甚至將 2008 年金融危機稱為「明斯基時刻」（Minsky Moment）[35]。這些理論為何無法成為主流？它們是否該受到更多重視？我們來探討其中的原因。

經濟學界的激辯

1970 年代以前，經濟模型大多假設人容易受騙，並做出有違自身利益的決策，因此經濟學家預估特定政策的效果時，經常假設民眾不會因為政策改變行為，政策制定者往往高估了政策的影響力。1976 年，羅伯特·盧卡斯（Robert Lucas）發表了一篇重要論文，痛批這種經濟學觀念，徹底改變了經濟學的方向[36]。此後，主流經濟學家接受**理性假設**，也就是個人會考量自身利益，充分理解政策影響之後，再做出決策。理性假設是主流經濟學的基石，許多經濟學家完全否認「泡沫」的存在，畢竟投資人是理性的，怎麼會購買價值高估的資產呢？如果投資人懂得分辨泡沫，為什麼泡沫不會立即破裂呢？經濟學家尤金·法瑪（Eugene Fama）曾說：「『泡沫』一詞快把我逼瘋了[37]。」或許就是因為經濟學家對理性深信不疑，才會有長達十年的時間安心實施零利率和量化寬鬆政策。因為他們認為企業是理性的，絕不會因為這些政策自毀前程。

主流經濟學家相信理性假設，駁斥奧地利學派和後凱因斯學派理論，因為後兩者都暗示企業不理性、可能重蹈覆徹。比如說，創業家正如同奧地利學派所言，總在低利率時進行短視的投資；以及明斯基所說，在經濟繁榮期，借款人和貸款人總會過度自信。對此，主流經濟學提出質疑：既然大家明知過度自信會出問題，為何還會犯這個錯？

奧地利學派這樣反駁：對企業來說，全盤調查經濟情勢的成本太高了，而且企業資源有限，不深入分析經濟大局，其實合情合理[38]。例如新創公司可能把心力放在募資、維持公司正常營運，而不是計算消費者有沒有足夠的積蓄、未來是否買得起他們家的產品。此外，許多公司不直接生產最終產品，而是參與一長串價值鏈（value chain）的某個環節。如此一來，由於最終消費者位於價值鏈的末端，企業其實難以判斷一項專案能否走得長遠。

後凱因斯學派則認為，即使人是理性的，也無法推翻市場不穩定的理論。這個學派強調未來的不確定性[39]，因此借貸雙方不可能完全理性預測借貸的風險。對於預估風險，除了參考近期的經驗外，別無他法。

此外，一些看似非理性的行為，對行為者來說可能是最佳選擇，即便可能對他人不利。比如先前有提過，創投公司只顧著募資，而非做好投資決策，反正有管理費可拿，可以創造最大的利潤。作家兼社運人士厄普頓．辛克萊（Upton Sinclair）表示：「靠『無知』賺錢的人，當然不會想增長見識[40]。」

如果企業早就預料到，一遇到困難，政府就會像以前一樣出手相救，那麼承擔高風險可能就是理性的選擇。一九七八年明斯基曾出言警告：「『投資可以解決一切』的信念，一旦深入經濟與政治體系，我們對愚蠢投資的約束就會變得寬鬆，尤其是政府會為某些投資人或投資計畫分攤損失[41]。」

除了理性假設外，奧地利學派和後凱因斯學派的理論還遭受其他批評。有人批評奧地利學派缺乏實證支持。對此，奧地利學派回應道：這些批評聲浪太依賴整體數據（例如整體失業率），卻忽略了泡沫化的個別領域內部的運作機制，比如說房地產業[42]。主流經濟學家不以為然，因此雙方仍激烈辯論。

明斯基的金融不穩定理論也遭受各方批評。其中一個常見的批評，辯稱如果有家公司過度自信，貿然向銀行借貸，這筆資金終究會花在其他經濟層面，仍可能對其他公司有利並降低不穩定性。但明斯基理論的支持者認為，即便如此，金融系統整體而言仍是不穩定的，並批評這個論點「完全是紙上談兵，但實證數據顯然支持明斯基的觀點[43]」。因此，正如奧地利學派的例子，雙方爭辯不休。

主流與非主流經濟學家之間的爭論常伴隨嘲諷與侮辱，看了令人難受。例如主流經濟學家保羅．克魯曼（Paul Krugman）曾表示，奧地利學派理論「就跟燃素說（phlogiston theory）一樣，完全不值得研究」，他認為在奧地利學派眼中，經濟衰退是「無可避免的懲罰，展現出善惡有報，訴說著過度自信必走向毀滅的寓言[44]」。非主流經濟學家也同樣輕視對手。例如後凱因斯學派經濟學家史蒂夫．柯恩（Steve Keen）就曾提及以下這段插曲：

我參加西方經濟學會議，發表明斯基金融不穩定假說的模型……果不其然，現場就有「不理性」的反應，一位狂熱的年輕人打斷我，大喊：「依照你的假設，人都是笨蛋！」於是我回應他：「你有想過會發生經濟大蕭條嗎？」他支支吾吾答道：「呃，沒有。」我接著說：「按照你自己的定義，你就是個笨蛋。為什麼我不該假設世上有千千萬萬像你一樣的笨蛋呢？」[45]

我聽經濟學家說過，無論是奧地利學派或後凱因斯學派，都經常提出他人乍聽之下難以接受的極端經濟解決方案。例如有些奧地利學派經濟學家呼籲，直接取消中央銀行，恢復金本位制度，甚至廣泛採用加密貨幣。後凱因斯學派也支持極端政策，例如鼓勵政府印新鈔，直接發給民眾和企業，幫助他們償還債務[46]，稱之為「人民量化寬鬆」（People's Quantitative Easing, PQE）。

主流經濟學也固守己見、不懂得包容其他理論[47]，甚至對經濟運作機制有錯誤的理解。比如說至今仍有許多經濟學教科書對銀行放款機制的說明有誤，說銀行「把準備金借給客戶」，但實際上，銀行放款時會在客戶的帳戶新增存款，當客戶還款時這筆帳款就會扣除，對金庫準備金毫無影響。這麼多年來，非主流經濟學家一直抨擊此事，但一直到 2014 年，英格蘭銀行才發文澄清這項錯誤[48]。

不過，這些都不是新鮮事。固守己見、忽視對手的觀點，自 1930 年代以來一直是經濟學界的特徵[49]。現在或許是時候讓不同的學派對話，共同摸索一套「新新綜合理論」（New New Synthesis），否則可能一路錯下去，繼續開錯藥單。

政策助長泡沫，真的值得嗎？

許多人讚揚低利率政策。《金融時報》有篇文章說：「基本上，政府實施寬鬆的貨幣政策，往往會刺激研發熱潮，讓創投公司瘋狂撒錢，並且鼓勵創新，緊縮的貨幣政策則恰恰相反。這些創新不僅提升了經濟的生產力與潛力，還超越了降息的短期影響。也就是說，泡沫值得肯定[50]！」

我聯絡了專門研究經濟泡沫的金融歷史學家威廉．奎因，問他經濟泡沫是否有益。他這麼回答：

> ESG（即環境、社會與公司治理）泡沫，不就是很好的例子嗎？這些標榜環保的資產或資產類別，就是極度高估的投資，這現象就叫 ESG 泡沫。我認為，這主要是在作秀，因為像埃克森美孚（Exxon）之類的公司，竟然也會納入 ESG 名單。

但撇開這些不談，採用環保技術的公司更容易募得資金，所以融資成本較低。從環保主義者的角度來看，這顯然是好事。另一個例子是網路泡沫，在那幾年，最創新的經濟領域非常容易募資。同樣是一件好事。

我接著問，泡沫到底值不值得。他回答：

我思考這個問題時，不會太在意「值不值得」，這只是過往雲煙。有些情況下，好處確實可能大於壞處。但這很難判斷，因為要回答這個問題，你要找到反事實條件（counterfactual）。你必須回答『如果沒有泡沫，事情會怎麼發展？』因此，泡沫的利弊很難有個定論。

即使泡沫可能有益，但也會有成本，例如一些隱藏成本，讓寶貴的資源無法用在其他更有價值的地方。以果汁機新創公司 Juicero 為例，如果沒有這家公司，那些備受追捧的工程師可能會投入執行其他更實用的專案。但也有另一個可能性，就是他們會失業。我們無法回到過去重新模擬另一種可能，所以這個問題很難回答。

我追問奎因，對於政策他有什麼建議？他回答：

> 我認為，最好的解方是保護金融業。如果銀行也牽涉其中，泡沫會引發嚴重的後果。再來是保護弱勢的投資人，美國證券交易委員會之類的機構必須做到這件事。我發現科技界的行為尺度很寬，從「假戲真做到成功為止」（fake it till you make it）到 Theranos 這種赤裸裸的詐騙都有，因此要保護特定的投資人。

無須償還的「免費資金」

幾年前，有家新創企業聯絡我，提出了瘋狂的產品構想試圖顛覆商業航空業。這項專案是開發一個平台，讓航空公司互相「搶」客。假設乘客訂購 A 航空公司的機票，航空公司將訂票詳情發布到平台供其他航空公司查看。B 航空公司可以向乘客提供更優惠的選項，比如同一條路線，但是票價更便宜。一旦乘客接受這個報價，A 航空公司會取消預訂，由 B 航空公司爭取到這位客戶。A 航空公司當然也可以利用這個機制，從其他航空公司手中搶客。

這個構想就需要仰賴我們在第一章探討過的「奇蹟」，因為航空公司不可能同意其他公司挖走自己的乘客。航班市場競爭如此激烈，航空公司拚命挽留每一位客戶，這也是為什麼大部分票價都不可退款，甚至不允許乘客轉讓給其他人。

這家新創企業決定申請一項名為「展望2020」（Horizon 2020）的補助，以資助前述構想。此補助由歐盟負責，預算高達 800 億歐元，全部來自納稅人的血汗錢。如果新創企業獲得補助，永遠**不需要**還錢。對新創企業來說，這基本上是「免費」的資金。補助沒有太多附加條件，新創企業只需要偶爾跟政府官員見個面，並在專案結束後提交一份成果簡報即可。

我的工作就是協助這家新創企業撰寫用於申請補助的長篇報告，詳細說明他們的專案。寫這份報告的首要挑戰，是要設法描述專案的構想，以免別人質疑其可行性。我的方法是直接曝露弱點，語氣淺白而有自信地解釋這個平台的運作機制。我希望安撫審核人員，以免他們深入審查。

至於第二項挑戰，就是證明該專案符合歐盟重視的社會目標，據說這是獲得補助的關鍵。其中最明確的目標，當然就是環境永續，有高達 60％的補助都用於這個目標。我特地在報告中宣稱，這項專案會減少航班的空位數，如此一來飛行就會更加環保。我把環保效益與其他無關環保的效益寫在一起，並未刻意強調，誘使審核人員直接勾選「永續性」而不會有過多疑問。

歐盟很快就批准了，補助金幾乎立刻提撥。歐盟的窗口還詢問我們聘請了哪家顧問公司撰寫報告，因為這在業界十分常見。當我們回覆是親自撰寫，他非常驚訝。我當時就想，這應該是值得驕傲的成就吧？ 2021 年，歐盟的這項補助又延長七年，更名為「展望歐洲」（Horizon Europe），預算高達 955 億歐元。

這類政府補助遍佈世界各地，舉凡英國、法國、芬蘭、奧地利、澳洲和日本，都有這樣的補助 [51]。英國負責鼓勵創新的政府機構，每季度向新創企業提供 2,500 萬英鎊的補助金。近年來，英國出現許多專門協助新創企業申請補助的顧問公司，指導新創企業撰寫申請報告，包括該寫些什麼、用什麼措辭才符合申請標準。如果申請通過，顧問公司會收取一定比例的補助金。有些顧問公司甚至不看結果，直接收取固定費用。

大家可能會好奇，為什麼政府要補助新創企業開發產品，而不是讓企業自己透過創投等常規管道募資呢？政府的理由是，民間可能過於謹慎，導致「投資不足」，政府補助剛好可以填補缺口。以下文字摘自有關政府補助的研究：

> 創新活動，尤其是前期研發，風險非常高，必須一鼓作氣，往往所費不貲。因此，對創新活動的投資，可能低於投資人的期望（缺乏盈利能力），無法說服投資人投入資金。由於這些特性，最終的投資可能會不足，因為民間心中最佳的投資量，可能會低於社會最適的投資量[52]。

雖然政府補助有時會鼓勵創新，但也產生扭曲的影響。有一種常見的扭曲，就是那些獲得補助的對象明明也可以從民間募得資金。換句話說，這是民間願意承擔的風險，最終卻轉嫁給納稅人。

英國政府官網標榜，這項補助創造了數千個工作機會，每 1 英鎊的投資都帶來 5 英鎊的報酬[53]。果真如此嗎？

這些樂觀的數字，出自政府委託顧問公司進行的研究。我想要探究這些數字的計算方式，但官網已經撤下這份報告。我只好寫電子郵件給官方，希望透過資訊自由的管道索取一份報告副本。政府職員卻拒絕我的請求，理由如下：

> 官網連結應已刪除，目前正在處理中。特此說明，由於報告已經撤回，恕無法提供完整報告，僅能提供您所提到的摘要。

後來，我在其他地方找到這份報告的副本[54]，看了十分驚訝。雖然這份報告發現，這項補助確實創造了就業機會，但也揭露了一些不太光彩的結果。例如那些申請到補助的公司，有高達40%坦言，就算沒有拿到補助也能繼續推動專案。至於那些**差點**申請到補助的公司，也有57%成功推動專案。因此報告得出結論：「未來在申請和審核階段，必須更嚴格確認發放補助的必要性。」

各種對於補助的研究，都得出類似的結果。有15%到66%獲得補助的公司透露，就算政府不出手，專案還是能推動[55]。有一份研究評估了奧地利政府的補助，結果發現10%至15%未獲補助的公司，其專案絲毫沒有延誤或變卦，可見這些補助根本沒有必要。研究報告指出，這些公司就只是想「搭便車」而已[56]。

政府補助還造成另一種扭曲的影響：為了衝高獲得補助的公司數，政府只好降低對品質的標準。畢竟政府補助是為了資助不符合民間標準的專案。早在1946年，記者亨利．赫茲利特（Henry Hazlitt）就出言警告：「常有人提議『風險過高，民間不敢碰的專案』，應由政府承擔。這無非是鼓勵官僚們拿著納稅人的錢，去承擔沒人願意冒的風險[57]。」

政府衡量和宣傳補助時，往往只看專案的數量或發放的金額，很少會量化或回報這些專案的長期成功率。或許因為這樣，政府官員更在乎數量而非品質。我之前提到的機票平台不就拿到補助金了？反正政府支持前景不佳的專案，也不會有什麼後果。

值得注意的是，就連在獨角獸熱潮期間，政府的補助也沒有停止，但當時創投資金明明創下了歷史新高。在那段時間，像Juicero這樣異想天開的公司，從民間投資人那裡就能募到資金。在資金如此充裕的情況下，政府竟然還要資助連民間都認為風險太高的專案，究竟把審核標準拉得多低？

此外，還有另一種常見的扭曲現象：企業家未必會明智地使用補助金。因為這些資金是免費的，而且比民間投資更不受限。比如說，我見過一些新創企業把補助金花在與申請不符的用途。甚至有一家公司將補助金用於聘請客服專員，而非進行創新研究。

政府還有一種鼓勵創新的方式，就是避免投資人損失，這也很常見。例如英國有「種子企業投資計畫」（Seed Enterprise Investment Scheme, SEIS），協助個人直接投資新創企業。假設有錢人拿出 10 萬英鎊投資某新創企業，不料創業失敗。雖然投資人損失 10 萬英鎊，但投資人其他的收入可減免至多 7 萬 2,500 英鎊的稅。換句話說，投資人最多只會損失 2 萬 7,500 英鎊。但只要投資成功，所有收益都不用繳稅。一來政府會保護投資人免於損失，二來事成之後，投資人可能有無限的收益，卻不用額外繳稅，豈不是非常誘人？

這項補助本來是要鼓勵創新，卻帶來意想不到的後果。像我最近認識一家創投基金的經理人，他們壓根不打算用基金的錢投資新創企業，而是改行當「媒人」。經理人專挑一些新創企業，介紹給富有的投資人，讓他們拿錢「直接」投資，這樣就可以享受 SEIS 的優惠。創投基金媒合新創企業和投資人，還可以順手獲得新創公司的股份。

這位經理人透露，有錢人對 SEIS 模式情有獨鍾，畢竟這種交易太划算了。他們當然懶得精挑細選，反正政策擋掉了很多風險。有人乾脆對經理人說，與其自己費心挑選、既沒有政府 SEIS 的保障還要自己承擔虧損，不如隨便找一家新創企業，用 SEIS 模式投資就好。更誇張的是，一些投資人坦言，賠了一點錢根本無所謂，只要有參與新創企業的經歷，就可以寫出響亮的故事，收穫驚人的公關效益。如此一來，之前的小損失瞬間物超所值。

廉價或免費資金是為了鼓勵經濟活動和創新，這一點幾乎無可反駁。經濟需要政府推動，創業家也需要政府幫忙。但我們必須謹記，這些政策可能導致其他意想不到的後果。

在廉價和免費資金的推波助瀾下，科技業獲得難以想像的資金，有時一年高達數千億美元。問題在於，這些資金有沒有花在刀口上，讓那些優秀的科技人才做點「踏實的事情」？我們拭目以待。

第 5 章

科技業生產力低落的真相

2023 年 3 月，我辭去一份高薪的科技業工作。因為我幾乎無事可做，上班時間大部分都閒著，甚至極度無聊。我原本對這家公司懷滿期待，因為有機會參與尖端的科技專案。然而入職第一天，他們竟然告訴我，我跟其他十名新員工「先待命就好」，靜候公司安排。在這段期間，我還是領全薪。我對這種情況感到憂心，因此每隔幾天就會追問進度，公司一直跟我道歉，承諾很快就會安排好工作。

閒了三個月，我終於加入一個團隊。但我很快就發現這個團隊人力嚴重過剩，根本沒有足夠的工作分配給所有人。同事只好把簡單的任務拆成更小的子任務，假裝自己要做好幾個禮拜，我也一直裝忙。接下來的三個月裡，我實際上的工作時間恐怕只有三小時。

主管感受到我的不滿，於是詢問我有什麼可以改進。我直接告訴他，這個團隊的工作不夠，不如把我調去其他團隊。他想起另一個團隊正負責某項大專案，覺得比較適合我。我去找那個團隊的成員討論工作內容，卻發現他們缺乏動力。原來，他們正在開發的產品永遠不會上市，大約一個月後就會作廢。但他們還是繼續改良，因為如果不這樣，就會無事可做。就在那一刻，我決定辭職。

如果這只是一次偶然的經歷，我可能會認為純屬例外。

然而，類似的經歷太多了：公司僱用我，我卻不用做事。無論是不是科技公司、是新創企業還是老牌企業，我都在科技團隊碰到這種情況。我其中一份工作的同事一邊吃晚餐，一邊跟其他團隊成員說：「我們這兩年都沒有什麼成果，你們覺得公司何時會解散這個團隊？」有時我確實有事可做，但開發的是世人可能永遠不會用到的實驗性產品，這讓我覺得工作毫無意義。於是我開始懷疑，這個產業似乎不太對勁。

跟其他人聊過以後，我發現許多科技人都閒閒沒事做。像我的朋友五年來就一直同時做著兩份全職科技工作，因為兩邊工作量都不大。這是不能說的祕密，兩個僱主都不知道對方的存在。這兩家公司依照科技業行規，支付他六位數的薪水，讓他存了不少錢。幾年前，他甚至有幾個月同時做三份工作，但保守這個祕密實在太累了，他只好辭去其中一份，專心做兩份工作就好。

還有另一位高薪的科技業朋友工作量極少，她每星期只要準備一份簡報。我還有一位朋友在 AI 新創企業工作，每天只工作十五分鐘。他向我坦白，說公司僱用他似乎是備而不用，主要是看上他的 AI 博士學位，相信總有一天會派上用場。

我碰到一位前同事，正在知名科技公司的 AI 團隊工作。他告訴我，他進公司沒多久，AI 團隊就一直人手過多，幾乎沒什麼工作可做。上班時間，他大多在辦公室觀看 Coursera 線上課程。他甚至表示，若公司不再訂閱 Coursera，他可能會辭職。我還遇到另一位前同事，他之前在一家影片剪輯新創企業賣力工作，但如今團隊人手過多，他的工作大幅減少。雖然仍是全職員工，但他的上班時間大多用來搞副業，經營著一家實體的酒店。

我還有一位朋友，負責為全球大型投資銀行開發股票交易軟體，當初為了爭取這份工作，他歷經千辛萬苦的面試，包括腦筋急轉彎（brain teaser）、微分方程式（differential equation）、圖形演算法（graph algorithm）等。但他的熱情在入職後很快就消退了，因為他發現自己幾乎無事可做，感到極度無聊。

到了 2022 年，科技公司開始大規模裁員，許多人大感意外。幾個月內，全球有數十萬名科技人失去工作。最驚人的例子莫過於推特，高達 75%的員工遭到裁員。這一波科技裁員潮持續數年。

2023 年 3 月，我寫了一篇文章，說這波裁員沒有什麼好驚訝的，就算裁掉這麼多人，也不影響公司營運。我在文章中寫道：「我在科技業工作多年，得出一個結論：科技業員工大多閒著。我不是說他們工作不努力，而是幾乎沒事情做，真的是無所事事。就算有事可做，這些事對公司或客戶的附加價值往往非常低，我們的薪水卻高得嚇人。這是一些人做夢都想不到的。」我並不是說科技業每一個人都沒有做事——我確實見過一些努力工作的科技人，我自己有時也在工作——但我只是感覺，閒閒沒事的科技人正大幅增加。

我寫那篇文章的初衷，並不是希望獲得高點閱率。我只是覺得，或許某一天有人會因此受用，沒想到文章迅速走紅。數百名科技業員工聯絡我，分享他們工作時閒閒沒事的故事。許多人坦承，這讓他們極度不快樂。原本滿心期待加入頂尖的科技公司，希望有機會賣力工作、創造有用的產品，到頭來卻發現自己的團隊人力過剩。這可能是因為經理大肆招募，或者工作模式欠缺生產力。總之這完全不是他們最初期待的結果。

文章刊登的那個月，科技人員無所事事的故事開始在各大媒體流傳。《財星》有一篇文章透露，Google 和 Meta 等公司僱用「數千名員工，專門做『假工作』，只是為了達成招募的數據，自我滿足罷了」。一位投資人批評：「這些人沒事情可做、做的全是假工作。現在這些都曝光了，他們還能找什麼事情來做？答案就是開會[1]。」

《商業內幕》（*Business Insider*）報導一名 Meta 員工的故事，她坦言自己「不做事卻有錢賺」。這名員工表示：「我就是被延攬到奇怪崗位上的人，加入了一個完全無事可做的團隊。你必須『搶』工作做。他們簡直把我們當成寶可夢卡牌，瘋狂囤積。我即使請假一天也不會有人知道，肯定有人只是打個卡，然後就無所事事[2]。」這名員工表示對自己未來的職涯感到擔憂，因為她並沒有累積任何經驗。

幾個月後，又有另一篇文章，揭露亞馬遜一位研究科學家的故事。亞馬遜以 30 萬美元的年薪僱用他，但他幾乎無事可做。公司甚至為他編了一項假的專案，以維持這份僱傭關係。

> 葛拉漢（Graham）加入公司的前四個月，亞馬遜不知道該分配什麼工作給他。而在接下來兩年，他都在各個團隊間輪調、不斷換部門，看著一些專案負責人（據他所說）毫無實質貢獻卻順利升遷，他自己卻在原地打轉。他的年薪超過 30 萬美元，但幾乎沒有值得一提的工作成果。他感到無所適從，

工作毫無目標，逐漸對自己的工作喪失興趣，不得不參與亞馬遜正式的績效管理計畫。

葛拉漢有失業的危機，公司派他參與另一項專案，利用機器學習技術（machine learning）來改善亞馬遜的音樂推薦系統。他說：「總算有一份好玩的工作了。」感受到自己成為團隊的一份子，他非常高興。然而經理卻揭露了一個驚人的消息：葛拉漢花一個多月完成的專案，最終不會問世。經理坦白說，這只是一項練習，單純為了滿足他的績效計畫要求，延長他在職的時間。沒多久，葛拉漢就離開了亞馬遜[3]。

同一年，《財星》分享一名 Google 員工的故事。他的年薪高達 15 萬美元，每日工時卻不到兩小時，其餘時間都用於創業：

戴文（Devon，《財星》使用這個假名以保護當事人的隱私）開始每週的工作時，一律先寫好「最重要的程式碼」，交給經理審閱。這種工作方式「大致上能確保」接下來一週的工作得以順利進行。他說自己通常在早上九點左右起床，洗個澡、準備早餐，之後工作到上午十一點或中午左右。接著他便開始忙自己的新創企業，一路忙到晚上九點或十點。《財星》審查了他標有時間戳記的電腦截圖，確認戴文確實是在工作日處理創業事宜。戴文說，有很多跟他一樣的科技人，領著薪水卻不用做事[4]。

科技業低落的生產力，不僅影響科技業本身，也影響許多無關的人。其中一個原因是，這些高薪但清閒的科技工作者，擁有大量閒暇時間和金錢，可以去買豆漿拿鐵和房地產，這些消費行為對整體經濟都有影響。此外，值得一提的是，科技業取得的資金大多是「別人的錢」，包括退休基金、大學學費、政府投入創投的資金。你有一部分的儲蓄，說不定正在助長科技業低落的生產力呢！

本章將探討科技業生產力低落的原因，以及背後的機制。我們會先探討為什麼有些科技公司要大舉招募人才，接著描述科技工作者的日常，解釋為何一系列熱門的「工作流程」，也就是許多提升工作效率和加速創新的方法，反而會降低生產力，導致科技工作者不斷打造很快被棄之不用的新產品。這些工作流程的影響範圍，甚至遠超出科技業，因此每個人都要警惕！

科技業的招募狂潮

一年前，一家公司看在 AI 大有可為，決定打造 AI 產品的初步原型，先試試水溫，看能不能滿足客戶需求。打造產品原型確實是好主意，否則貿然採用 AI，很難預測是否合適，所以最好先做測試。然而，過程中大概是因為當時人人都在熱議 AI 技術，主管似乎有點興奮過頭。於是在原型尚未完成時，他就決定增聘十人來負責這項產品的開發和上市。其中包括數據科學家、數據工程師、產品經理，以及一名企業傳播專員。我詢問團隊領導人，為什麼不先完成原型，確認是否符合期待。他們卻回覆我「沒有這個必要」，還補充說：「我們對 AI 的效果很有信心。」

這只是科技業的冰山一角，類似現象隨處可見：只要科技公司對例如 AI、區塊鏈和擴增實境（augmented reality, AR）這類熱門技術過度期待，就會瘋狂延攬人才，有時甚至還不確定新員工要負責開發什麼產品，就直接刊登徵人啟事。我曾聽說一家公司在還沒確認產品功能、也還沒徵求潛在使用者意見的情況下，就急著成立七十人的大團隊，來開發一個 AI 相關產品。我們後面再詳細說明。

某些情況下，科技公司預期未來會成長，於是提前招募員工，有些人稱之為「超前需求的招募」[5]。就我所知，有一家新創企業一獲得創投資金就立刻招募有特殊技能的員工，然而當時明明還沒有工作可做。公司的解釋是，它們不想等到有需要時再浪費時間找人。有人控訴 Google 和 Meta 之類的公司刻意挖走人才，讓競爭對手無法在就業市場找到合適人選[6]。最近一波科技狂熱導致大批資金流入這個產業，科技公司因此有錢進行這種奢侈的行為。

此外，有些人認為，人員過剩反而是好事。比如主管能否順利升遷往往與管理的人數掛鉤。因此主管習慣擴大團隊規模，根本不管公司有沒有足夠的工作。更何況，新創企業擴編也會受到外界肯定。此外，一些科技服務公司的收費標準通常與團隊人數有關，人數越多就可以向客戶收取更高的費用。

科技產業人員過剩的情況可能不像其他行業那麼顯眼，因為商業人士不理解科技工作的細節，可能會以為某些任務比實際上困難許多。像理髮師就無法裝忙，不可能假裝自己要花好幾天來剪一顆頭，因為大家都有剪頭髮的經驗，也大致了解剪頭髮的流程。但外界不太清楚科技工作的細節，而且科技工作大多是抽象的，只在幕後發生，比如說「預防性安全強化」，不一定會有什麼具體成果可以向外行人展示。

我朋友說，業務經理想把一項科技工作外包給其他公司，於是向一家大型顧問公司詢價。對方說需要一個多人團隊和幾個月的工作時間，報價數十萬美元。我朋友身為科技人員，勸經理不要發包，因為他自己就可以搞定。最後他只花兩週就完成了這項工作。

人力過剩可能是無事可做的根本原因之一，但肯定有什麼機制在拖延時間，讓科技人員忙著做沒效率的事。而這就是我們接著要討論的重點。

「工作會膨脹，填滿可用的時間」

2000 年代之前，軟體開發方式就跟興建橋樑和摩天大樓差不多：先有完整的設計，然後編寫，最後測試。這種方法稱為**瀑布法**（waterfall methodology），因為一系列步驟都要按照順序進行，不會再回過頭檢查。

然而，瀑布法成效不佳。軟體是無形的，有別於橋樑、摩天大樓，客戶很難預想最終的產品，也很難驗證是否滿足需求。此外，科技日新月異，產品開發的過程中，客戶的需求經常說變就變。因此，先提出完整的設計再進行建造，往往會開發錯誤的產品。另外，軟體跟建築不同，永遠沒有真正完工的一天，因為在未來幾年，還會不斷添加新功能。

2001 年，一群特立獨行的軟體專業人士反對瀑布法，一起探討了這種現象並提出了稱為敏捷開發的替代方案。其中一位表示：「2001 年 2 月 11 日至 13 日，我們十七個人，齊聚猶他州瓦薩奇山脈雪鳥滑雪度假村，一起討論、滑雪、放鬆，試圖尋求共識，當然也一起吃飯。最終想出敏捷開發宣言（Agile Software Development Manifesto）[7]。」

這份宣言包含一系列的價值觀和原則，用來改善軟體開發流程，包括：

- 首要之務是滿足客戶需求，提早並持續交出有價值的軟體。
- 應頻繁交出軟體，每隔數週到數月不等，間隔越短越好[8]。

簡單來說，敏捷開發宣言提倡一步步打造可用的軟體，一路驗證客戶的需求。如此一來，客戶會提供實用的意見，如果有必要也可以輕鬆調整方向。

科技人士引進敏捷原則，確實改善了軟體的開發流程，揮別過去花費數月閉門造車，最後卻交出錯誤產品的情況。然而，隨著「敏捷方法」（Agile recipe）大為流行，情勢突然走偏了。

所謂的敏捷方法，其實是一套按部就班的步驟，幫助團隊符合敏捷規範，讓作業流程得以預測和管理。科技人員必須依照敏捷開發宣言的建議，保持靈活，一步步打造產品，同時也要依照詳細的規定，規畫和統籌各階段工作，以及日常工作流程。這對軟體專案管理者來說，簡直是夢想成真，因為這整套流程揚言要把軟體團隊變成「工廠」，每隔固定的時間就會交出新成果。這也能幫助企業主管追蹤進度、預估資源需求，並且發現問題。

其中一個最流行的敏捷方法稱為 Scrum，它目前已經是科技產業公認的標準。Scrum 通常是由上而下強制推行，把工作細分成一段段的時間區間，稱為「衝刺期」（sprint），每次通常為期兩週。衝刺期一開始，團隊成員要召開冗長的計畫會議，分析每個待辦事項，一起估算「工作量」，也就是預估專案的難度，通常以天數來衡量。

如果是更詳細的 Scrum 方法，估算工作量時團隊成員還會玩一種「計畫撲克」（planning poker）。每一輪都要估算某個任務的工作量，進行祕密投票，各自選擇一張印有數字的卡片代表各自預測的工作量。將卡片放在桌子上、背面朝上，其他人看不到數字。卡片上的數字源自費氏數列（Fibonacci sequence，1、2、3、5、8、13、21、34、

55、89等）。為什麼要用費氏數列？目前沒有統一的解釋，不過有個說法是，這樣可以避免估算時拘泥於細節。

投票完成後，大家一起翻開桌上的卡片，公開各自的估算結果，並採用多數決。但如果有些人估算的數字明顯偏高或偏低，可能就會深入討論或重新投票。如果任務太大，單次衝刺搞不定，就會拆成幾個小任務，再分別用撲克牌估算工作量。

大家還滿重視這種「儀式」。「計畫撲克」早已是一家軟體公司的註冊商標，製造並銷售專用撲克牌。此外，市面上也有許多瀏覽器版本的計畫撲克牌，適用於線上會議。我之前服務過一家公司，甚至還為內部員工開發了計畫撲克牌的應用程式。

計畫撲克會議後，工作會依照成員的喜好分配。隨後便展開衝刺期，成員開始忙自己的事。Scrum規定每天早晨開個小會議，以下稱為「每日會議」，讓大家分享前一天的工作成果、當天的工作計畫以及是否遇到阻礙。只可惜會議經常超時，因為大家會講個不停。有的公司會發揮創意以控制發言時間，據說有家公司規定成員發言時要一邊進行腹肌訓練，例如肘撐棒式（forearm plank），以此縮短發言時間。

衝刺期結束時，Scrum 規定團隊成員要跟利益關係人（像是客戶和高層）開會，展示工作成果並聽取意見。這場會議稱為「衝刺回顧」（sprint review），通常會超過兩小時，因為每項工作都要拿出來討論。此外，團隊成員還要另外開個內部會議，稱為「檢討會」（retrospective），回顧過去兩週，並自我反思。等到這些會議都開完了，本輪衝刺才算正式結束，緊接著是下一輪衝刺，又要來一場計畫撲克。

Scrum 這套流程雖然立意良善，但成效大多不如預期。我第一次參加計畫撲克時，發現幾乎每個人都誇大工作量。比如說有項任務是分析網路上幾個簡短的程式碼模板，判斷可能的用途。熟悉軟體開發的人頂多花個幾小時就能完成。

然而，在那場計畫撲克中，我大多數同事都認為這項任務需要耗費數天。我反其道而行，選擇了費氏數列中最小的數字，卻淪為箭靶。大家紛紛要求我解釋，為何我認為這項任務如此簡單。如果我要為自己的觀點辯護，難免會暗示其他人誇大其詞。於是，我們進行一些禮貌的交流，稍微調降工作量的估算值。我不禁開始懷疑，每一項任務的估算值幾乎都有集體膨脹的問題。

在後續的衝刺期，我們要寫一段文字，總結上一段衝刺期的工作成果。我在計畫撲克上再度挑選了最小的數字，因為在我看來，這只需要十分鐘。但我的同事不同意，他們一致認為這項任務值得花費數天。我辯駁了幾句，最後仍選擇妥協，因為我不希望讓人以為我在指責他們共謀，故意誇大工作量。

有時候，就連非常簡單的任務，也會拆成一堆小任務單獨規畫。比如說，有一項任務是針對特定需求，選用最適合的軟體工具。我們手上早就有一份功能清單和四個候選工具，現在只要找出哪個工具的功能最完善。在我看來，這交給一個人來做，幾天就能搞定。結果這項任務硬是拆成四個子任務，每個人負責調查一樣候選工具，而且每個子任務都安排數天的時間。

我參與 Scrum 團隊期間，發現那些過度誇大的工作量，無論有多麼簡單，都無法提前完成。也就是說，這些任務似乎會「不斷膨脹」，直到填滿整整兩週的衝刺期。於是，每日會議就顯得很滑稽，因為大家報告的進度少得可憐，每個人卻還是點頭附和。這大概是**帕金森定律**（Parkinson's Law）的最佳案例：「工作會膨脹，填滿可用的時間[9]。」航海歷史學家西里爾・諾斯古德・帕金森（Cyril Northcote

Parkinson）在1955年提出這個定律，因為他發現無論公部門實際上的工作量有沒有變化，行政人員都不斷增加，有時他們甚至無事可做。

大家可能以為任務膨脹是因為懶惰，以為科技人員只想成天躺在懶骨頭上。然而這恐怕不是主因。

任務膨脹可能是敏捷方法助長的結果。這些流程讓每個衝刺期變得可預測，還要求團隊每次衝刺期結束都得交出一些新成果。員工為了自保，不得不誇大估算的工作量，為自己預留緩衝空間，確保能在衝刺期完成任務，還能屢次交出新成果。如此便導致為了追求可預測性，犧牲了生產力。

此外，人力過剩也可能是直接導致任務膨脹的原因之一。假設決策者過於興奮，招募了一大堆人執行某項專案，新員工一開始幹勁十足，但沒過多久就發現工作根本不夠。他們擔心失業，就開始裝忙。主管也選擇視而不見，因為縮減團隊規模，可能對主管的職涯不利。

無關緊要的瑣碎工作

早在1975年，軟體工程師弗瑞德里克·布魯克斯（Frederick Brooks）就寫了《人月神話：軟體專案管理之道》

（*The Mythical Man-Month*），這是一本影響深遠的著作。這本書指出，將任務分配給過多的軟體工程師，非但不會加快軟體專案進度，反而會導致拖延[10]。原因在於，工程師花太多心力跟同事溝通、協調工作。敏捷開發誕生後，這個問題似乎會惡化。

依照敏捷方法，員工浪費很多時間討論，而不是完成工作。每項任務都要在計畫會議討論，即使是最瑣碎的也不例外，還要在之後的每日會議中繼續討論。到了衝刺期結束的檢討會，又要再次討論。換句話說，每項任務在執行前、執行中、執行後都有多次討論機會。這些會議其實都是「元工作」（meta-work，譯注：無關緊要的意思），而非真正的工作。我曾經開玩笑說，臉書改名為「Meta」，就是旗下員工做太多「元工作」。

這些無關緊要的工作有時竟然比正事耗時。我參加過一場計畫會議，大家竟然花了二十分鐘討論要不要把一個五分鐘的任務納入下一輪衝刺期。此外，Scrum 還規定所有人要反覆聽取彼此的進度，但任務與任務間的關聯其實不大，也不是每個人都想知道進度。因此，會議開到一半，大家就開始分心，甚至低頭滑手機。除了浪費時間，過多的會議也會打擊士氣。科技工作通常要發揮創意來解決問題，但如果不停討論工作和彙報進度，可能會扼殺創意。

科技人花那麼多時間開會，其他產業的人聽了都不敢置信。我問過知名律師事務所合夥人，會不會每天跟助理開會。他回答：「不會，我們忙得很，根本沒時間一直開會，因為有更重要的事情要做。」

我碰過的科技人也常抱怨，做這些無關緊要的工作，根本無法善用他們的時間。既然如此，何不直接改變方法和流程？事情可沒那麼簡單。

當「敏捷方法」成為科技工作的教條

幾年前，我在 Scrum 團隊工作時曾對敏捷方法提出疑慮，因為我不確定每日會議是否真的能幫助我們善用時間。一位同事直接回答：「這家公司重視團隊合作，你不喜歡嗎？」

諷刺的是，敏捷方法執行起來反而很僵化。大家只是按字面意思去理解，按表操課，甚至當成通則到處套用。不問團隊成員的意見，也不視情況調整流程。於是，敏捷方法淪為教條，誰要是敢質疑，就會被當成異端。

如果你覺得某個敏捷方法無效，支持者可能會反駁你，怪你沒嚴格執行，或執行得不夠久。我曾在某篇文章中對

Scrum的成效提出質疑，之後就有人私訊我：

> 敏捷方法和Scrum是一種紀律，都需要熟練，並非一蹴可幾。……這讓我想起了龜兔賽跑的故事。贏家有紀律，堅持到底，最終贏得比賽。

還有另一個人這樣說：

> 你這裡提到的問題，主要是「管理不當」的結果，不是敏捷方法本身的缺陷。如果沒有妥善使用工具，該責怪的是工匠，而非工具。

由於敏捷方法似乎很難執行到位，因此市面上有一堆敏捷方法培訓服務、教練和認證。一位敏捷教練也傳訊息給我：

> 我是敏捷教練，文中提到的情況，既不是敏捷方法，也不是Scrum的變體（incarnation）。這就是沒有好好採用敏捷方法，而且這種情況其實很常見。

我朋友曾經開玩笑說：「敏捷方法就好比共產主義，之所以從未成功，是因為大家總是使用不當。」

如果你敢質疑敏捷方法的某個部分，比如每日會議的必要性，支持者可能會建議你接受「再教育」，了解何謂正確的流程。一位敏捷教練說：

> Scrum 的儀式（比如開會），是為了讓團隊成員互動，還有跟利益關係人交流。這會加強團隊合作和透明度。如果沒有好好主持會議，或者團隊不清楚會議的重要性，就需要找教練或 Scrum 團隊帶領人（Scrum Master）重新培訓，幫大家認清這些事有多麼重要。

有時我覺得敏捷方法有如教條，把員工當成小孩子對待，指示科技人員何時該開會、該說什麼話；甚至還要玩撲克牌遊戲，一邊發言一邊做腹肌訓練。如果不聽話，就會遭到教練訓斥。

2019 年，《富比士》刊登了一篇文章，將敏捷方法喻為宗教：

> 當某天我們竟玩起曲棍球棒，我便知道敏捷方法的末日即將來臨。開發人員和架構師（architect）團隊每天早上八點準時站在擺滿白板的房間，輪流傳遞一根玩具曲棍球棒。當你接到棒子，就要念出自己的罪狀：「原諒我吧，神父，我昨天只完成兩個（軟體）模組，因為那天要開會，還要禁食。」……隨後，這根神聖的曲棍球棒會傳給下一位開發人員。我們就像緊張兮兮的修道士，唯有把那根該死的棒子傳給下一個倒霉鬼，才能鬆一口氣。這已經不是什麼工作法，根本是一種宗教[11]。

敏捷方法實在太流行了，甚至傳播到其他產業。我有一位親戚在行銷公司擔任平面設計師，前幾天她打電話給我，抱怨那份工作令她有一點無奈。因為她的團隊採用「某套方法」，導致她浪費一堆時間開會。她難以置信地說，她每天早上都要聽同事更新前一天的工作內容；而當她向上司抱怨，上司卻提醒她要有團隊精神。

我問她：「這套方法有名字嗎？」

她說：「Scrum。」

蠻力創業法

2022年，一家頂尖投資銀行的高層注意到，AI正迅速崛起並成為下一波大熱潮。他還發現，整個銀行有許多AI工程師在工作時缺乏統一的軟體工具，難以彼此溝通和共享數據。於是，他認為公司內部應該要有自己的AI工具，讓所有工程師都能使用。他立刻招募七十人，成立一個團隊進行開發。

專案啟動幾個月後，團隊展示當前成果：一個功能齊全、設計精美的瀏覽器工具。不過我檢查以後有點驚訝，因為它的功能似乎跟AI工程師的日常工作模式八竿子打不著。比如說，它允許用戶上傳Excel檔案來共享數據，但AI工程師很少使用Excel。我再繼續檢查，結果發現它跟AI工作的實踐幾乎沒什麼關聯。

於是，我推測這個工具應該是針對我不熟悉的AI用途。我便詢問開發團隊其中一位成員，他們的目標用戶經常處理哪些問題。她竟然回覆我，他們從未跟目標用戶聊過。換句話說，設計團隊必須憑空想像，什麼樣的工具可以幫到AI工程師，然後再設計出來；接著把這些設計交給軟體開發人員，變成可用的產品。

我有點納悶。經理解釋說，團隊的目標是快速生成一個工具，拿給目標用戶試用再收集意見。他告訴我，向潛在用戶拋出假設性的問題並不可靠，還不如直接讓他們試用，再聽取意見。事實上，公司甚至明文禁止團隊成員跟潛在用戶交談。他還補充說，團隊正採用「快速失敗」（fail fast）的方法。我心想，這根本是「肯定失敗」（fail for sure）的方法吧！

幾個月後，我跟一群新創企業創辦人聊天，他們試圖在零售管理軟體的領域闖出一番事業。但他們選擇這個領域純憑直覺，之前從未待過這一行，不確定自己能否超越老牌競爭對手或做出改變。但他們告訴創投公司他們會運用 AI 為這個領域帶來革新，至於要怎麼做，需要邊嘗試邊摸索。結果創投公司竟然給了他們 10 萬美元來試試看。

這家新創企業決定模仿現有產品，打造一個小型複製品，功能完全照抄，毫無創新可言。我覺得很奇怪，因為這就像是在重新發明輪子。但他們辯稱，這是為了把成品拿給實際用戶試用，以便收集意見，找出可以改進的地方。

這兩個急著打造產品的案例絕非偶然，而是越來越流行的科技風潮，提倡用蠻力和試錯，來摸索可以打動客戶的產品。這股靈感似乎來自企業家艾瑞克・萊斯（Eric

Ries）推廣的精實創業。2008年，萊斯觀察傳統的行銷手法，發現對新創企業不管用。他解釋說：「一個好的計畫、一個穩健的策略以及全盤的市場調查，對新創企業是沒用的，因為新創企業面臨許多不確定性，甚至不知道自己的客戶是誰，也不知道應該開發什麼產品[12]。」於是，他提出不同的手法：放手一搏，快速打造MVP（Minimum Viable Product，最低可行性的產品），盡快給真實客戶試用。萊斯這樣解釋：

> 所謂的MVP，就是功能剛剛好，不多也不少，可以給有共鳴的早期使用者試用，有些人甚至願意付錢購買，或者給你一些意見[13]。

新創企業打造出MVP，就可以從真實的客戶那裡獲得最有價值的實際意見。如果評價不錯，就可以繼續朝著原本的方向努力，為產品增添更多功能。但如果評價不好，就會選擇新的方向，稱為**轉型**（pivot）。

雖然精實法是專為新創企業所設計，但很快就在科技業和其他產業流行了起來，如今就連大企業也會打造MVP試水溫。創業家史蒂夫・布蘭克（Steve Blank）曾說：「精實創業改變了一切。」他聲稱這個方法「更注重嘗試，而不是詳細規畫；優先考慮客戶的意見，而不是自己的直覺；並以迭代設計（iterative design）取代傳統『大規模前期設計』開發[14]」。「快速失敗」（fail fast）這樣的口號迅速廣為流傳，據傳馬克．祖克柏（Mark Zuckerberg）就曾經要求臉書員工「快速行動，打破常規[15]」。

我個人很喜歡精實法，努力在自己的工作實踐，也會建議別人這麼做。開發產品時，無論有多了解客戶，總會去猜測客戶的喜好。因此，總是在放手一搏。如果可以快速打造一個 MVP，放在客戶的面前，驗證原本的猜測，豈不是很好嗎？

只不過，這些年來，放手一搏的做法似乎越來越極端，以致精實創業法淪為蠻力創業法。取而代之的是，新創企業不再先了解客戶、做出合理猜測，然後才來打造 MVP 以驗證這些猜測。相反的，就像我前面探討的例子，反正就盡快打造產品，**什麼產品都好**。根據蠻力創業法，根本沒必要事先了解客戶，而是要直接打造 MVP 並收集意見。如果評價不好，也不用擔心，隨時可以轉型！

依照蠻力創業法，任何產品都看似值得開發，甚至包括一些最離譜的點子。如果有人批評新創企業的點子不切實際，創業家和創投人士往往會反駁：「新創企業就是一種實驗啊」、「不試試看怎麼知道」、「Airbnb 和 Netflix 也是轉型後才成功的」。這或許能夠解釋為什麼 Juicero 或 Quibi 之類的新創企業可以獲得這麼多支持。

蠻力創業法看起來相當浪費，鼓勵大家做一些昂貴的實驗，驗證不太可能成立的假設。有些人認為，開發創新的產品，其實有更高效的方式。一位策略顧問曾說：「到底哪種方法更合理呢？一種是先分析客戶前二十大未滿足需求，再針對這些需求構思解決方案；另一種是先構思一個你認為客戶想要的產品，接著不斷測試和反覆迭代，希望最終能解決客戶最迫切的需求[16]。」

蠻力法越來越普及，這對科技人員來說並非好事。他們辛苦打造的往往是不會問世的產品，充其量只是下一次轉型前的實驗品。做這種事一點都不有趣。

發源自科技業的蠻力法，現在也傳播到了其他產業。我最近遇到一家專賣教育影片的公司主管。他們公司並沒有先研究市場、摸索有潛力的主題，而是隨機找了一堆專家，涉獵的領域從烹飪到英語，族繁不及備載。這些專家會做一些「課程 MVP」，也就是短短的入門課程，內容涵蓋各自的專業領域。他們盡量快速上架課程，希望碰到能賺錢的主題。至於這麼做能不能回本、值不值得付出那麼多心力，有待時間證明，畢竟一直嘗試下去，不僅很燒錢，也很折磨人。

催生新創企業的「創業絞肉機」

我有個朋友在創投公司工作，負責篩選有志創業的人，他們公司再來決定要不要投資。有一次篩選過程，他邀請一組候選人前往威爾士旅行，不僅要睡帳篷，還要在雨中健行，並參與其他體能活動。我對此感到納悶。他解釋道，這是要評估候選人的韌性，凡是無法忍受鞋子濕掉的人，就不適合創業。他強調韌性是創業者最重要的特質之一，因為有韌性的創辦人可以挺過多次的轉型，最終打造出成功的新創企業。

過去這幾年，有一種觀點越來越流行，以為創業成功是可以「工業化」的，有固定的流程可以照著走。第一步，找來一群有韌性、技能互補、興趣相仿的人組成穩健的創始團隊；第二步，創辦人採取蠻力創業法，反覆嘗試各種產品構想，不斷轉型，直到發現成功的點子為止。創始團隊的成員彼此可以完全不認識，也沒必要選擇自己擅長的領域。

我看到這套流程，就會想起創業絞肉機：原料是優秀的創辦人，然後反覆轉動絞肉機的手把，經過加工之後，新創企業就會從另一頭出來了。大家對於這個流程深信不疑，或許可以解釋 Mistral 之類的公司，為什麼不清楚商業模式也可以獲得大量資金。因為擁有一支頂尖的創始團隊，其他事情就沒有那麼重要了，反正可以一直轉型嘛！

如今有越來越多創投公司試著用**創業絞肉機**的手法，在內部建立自己的新創企業。這種操作手法往往像一檔真人實境秀：把一群人關在房間好幾個星期，讓他們組隊、構思新創點子，然後向評審團提案，如果提不出來，就會被淘汰。唯有成功走到最後的團隊，才可以獲得資金支持，用來打造他們的 MVP，而創投公司會獲得新創企業的部分股份。有人形容這些計畫是「創業工廠」、「創業界的《愛情島》（*Love Island*）實境秀」，甚至是「瘋狂版的大風吹」[17]。

幾年前，我參加過這種計畫。某家創投公司在每個季度，都會在全球許多城市舉辦這種活動。我透過線上申請，經過好幾輪面試，他們會藉此評估我是否有創業的潛力。我通過測試並受邀參加，除了我以外還有其他五十個素未謀面的參加者。這項計畫為期三個月，需要全職投入。每位參加者都可以領到一筆生活津貼，有些人甚至因此拿到簽證，從海外搬到美國來。還真是大陣仗！

這個計畫從星期一早晨正式開始。主辦方向大家說明，要打造一家成功的新創企業，最重要的是擁有一支穩健的創始團隊，畢竟創業是漫長的旅程，創辦人不可能說換就換。於是，接下來三個星期，我們要參加各種團體活動，比如製作影片和辯論爭議的話題，藉此互相熟悉。這段時間相當緊湊，每天從早上十點到晚上七點，所有人都待在同一個房間。我們必須在期限內組成理想的創始團隊，否則就要退出計畫。

隨後，主辦方告知我們，成功創業的第二個要素，就是找到一個值得解決的問題。然而，這個元素並沒有創始團隊那麼重要，反正更換問題比較簡單。於是我們下一個任務，就是找出未來新創企業可以解決的好問題。

幾乎沒有人事先準備好問題，事實上，主辦方也不鼓勵這樣做，反而希望我們合作找出問題。主辦方建議我們列出一張清單，記錄從早上刷牙到晚上睡覺一整天會做的事情，從中找出令人困擾的地方。我們要努力挖掘夠大的問題，才有機會吸引創投公司。他們還說，除非新創企業有潛力在七年內，讓人拿出 2 億美元以上的金額收購，否則就不值得創投公司投資。我們還得收集證據，證明我們提出的問題確實有那麼嚴重，例如從潛在客戶那邊收集文件，證明他們願意花大錢解決這個問題。

之後，我們還要向評審展示自己的團隊，以及我們挖掘出的問題。最後獲選的團隊可以從創投公司獲得 10 萬美元，用來打造 MVP，而創投公司會取得新創公司 10%的股份。我的團隊最終決定，不向評審展示任何東西，經過長時間的討論，我們始終找不到一個令人滿意的問題或適合的呈現方式。但我還是享受整個過程，我學到更多關於新創企業的知識，還認識一些背景非常出色的人。不過，我不信任這種方法。看起來太過簡單，彷彿只要把創業原料放在一個會議室，等待一段夠長的時間，成功的新創公司就會誕生。

創業絞肉機的手法，已經催生一大堆新創企業。比如有一家創投公司善用實境秀的手法，創立了一千家新創企業，另一家創投公司也創立五百多家[18]。

然而，到目前為止，這種創業手法似乎不太理想。科技記者艾米・李文（Amy Lewin）指出，從這些計畫誕生的新創企業，成功案例少之又少。她說：「這證明了，光是把頂尖人才聚集起來，不保證可以打造偉大的公司[19]。」就我所知，這樣子成立的新創企業，大多在一年內倒閉。

一位創投人士透露，這些計畫大多成效不彰，因為搞混了**必要條件**（necessary）與**充分條件**（sufficient）。有韌性的創始團隊加上有潛力解決的問題，這兩項當然是必要的，但光是這樣，還不足以成立一家成功的新創企業。

科技人的苦悶

我跟朋友抱怨，說上班閒著好無聊。有些人卻認為，不用做什麼事就可以領高薪，有什麼好抱怨的？有個朋友甚至說，我這種心態讓他想起梅根・馬克爾（Meghan Markle）和哈利王子（Prince Harry）。但是，我跟許多閒著的科技人聊過，發現這種情況經常令人苦悶。他們進入這一行，不是為了整天坐在懶骨頭上，而是想打造很酷的東西，希望有一天能夠派上用場。此外，有些人告訴我，裝模作樣地假裝自己在工作，比實際工作更心力交瘁，甚至更疲憊。更何況，無所事事也會讓職業生涯停滯不前，因為學不到新的技能。但科技產業日新月異，科技人尤其需要學習新事物。一名閒著的 Meta 員工說：「這份經歷對我毫無幫助，根本沒有任何績效可以寫在履歷上[20]。」

有些人開始擔心，許多科技人員無所事事的現況可能引發社會不滿，有一名曾經無事可做的科技人員認為：「怨恨正悄悄升溫。那些靠自己打拚、靠技術謀生的人並沒有享受這些特權，卻眼睜睜看著中產階級享受舒適愉快的生活。他們看著休閒階級的崛起，自稱在上班卻什麼也沒做。他們心裡會怎麼想[21]？」這種情況很悲哀，因為科技人員並不想偷懶，而是拚命想找到有用的事情來做。

至於那些有在做事的科技人員，情況也沒有比較好。因為蠻力創業法當道，他們花時間打造的東西最終也不會被使用，他們心知肚明。我身邊就有很多科技人員，當他們發現自己研發的東西只是一場瘋狂的實驗，最後會被棄之不用，就對工作失去了興趣。

科技人員缺乏有意義的工作機會，因而重新思索自己的職涯。一位軟體開發人員傳了以下訊息給我：

> 我今年三十七歲，而我在過去將近十五年來所做的工作，其實可以用更高效率完成，但我們總是拖拖拉拉。我受夠那些無止盡的線上會議，「主管們」滿口廢話，每件事都披著「敏捷」的外衣，耗費更多時間追蹤進度，而不是完成工作。我向客戶（某知名零售品牌）報銷無數工時，但其實我都在看電視、滑 YouTube 影片、讀小說，一邊等待那些

「敏捷」主管分配工作。雖然別人說我是軟體開發領域的「明星」，我卻感到無比空虛。

最近我剛好在思考人生，偶然讀到了你的文章。過去一個星期，你的文字深深觸動了我。難以言喻，但你的文章讓我更加確信，我並不孤單，也沒有發瘋。我只想靠老本生活，然後轉換人生跑道。

致上最溫暖的問候

艾力克斯（Alex）

艾力克斯傳給我這則訊息後沒過幾週，便辭去企業軟體開發的工作，搬回家鄉靠著存款過簡樸的生活，同時思考下一步。他決定創業，開發一款小眾應用程式，預計很快就會上市。他說他終於能夠充分發揮才能，重新找回對寫程式的熱情。他還說，很久沒有像現在這麼忙碌了。

第 6 章

科技業該如何回歸正軌？

過去這幾年來，科技業變得有點瘋狂。所以接下來，我想針對可行的改革提出建議。我們會回顧本書每個章節，其中探討了科技狂熱的不同面向，而我會提出我的想法，談談該如何扭轉這股狂潮。我衷心希望，即使你不是科技產業的一員，也能夠從我的建議中獲得啟發。

不追求奇蹟，而是追求平凡實用

蓋威克（Gatwick）機場位於倫敦附近，是座每天要處理八百個航班的大型機場。由於機場空間緊湊，只有一條跑道可用，任何小問題都可能導致嚴重的延誤。2019 年以前，蓋威克機場無法定位機場大部分的地面車輛。例如，控制室人員不清楚行李推車、登機梯或消防車的位置，而這往往導致嚴重的問題。比如說有時候登機梯誤留在作業通道，結果發生事故和延誤。

有一家專門製造心臟除顫器和救護車技術的醫療公司，全盤研究過蓋威克機場的營運狀況，並發現了上述問題。他們向蓋威克機場提出一個解決方案：在機場車輛安裝 GPS 設備，並開發一套軟體讓控制室人員可以直接在地圖上追蹤車輛的位置。這款軟體還會開放用戶設置警報，假如車輛在作業通道停留過久，或者行駛速度過快，軟體會自動提醒控制中心。蓋威克機場接受了這個提案，隨即在一千兩百多輛車上部署解決方案。此提案成功後沒多久，這家公司又發現許多機場也有無法追蹤地面車輛位置的相同問題。

我第一次聽到這個故事時非常驚訝，2019 年大家都在談論區塊鏈和 AI，歐洲最繁忙的其中一座機場卻不知道行李推車跑到哪裡？於是我開始研究航空業，聽聞許多類似的故事。比如說，我發現許多機場仍使用書面表格來記錄消防車進出消防站的動向，而最近就有一家新創企業推出一款產品，幫助機場將這些紀錄數位化。

我還發現，飛機維修紀錄至今仍以書面保存。當飛機接受檢查，技術人員會詳細填寫表格。如果有飛機換了東家（大多數航空公司的飛機都是租來的），飛機所有權人必須確認前一家租用的公司是否盡責完成所有維修。這些都要透過人工，對每份文件逐一檢查。由於各國表單格式差異很大，所以流程很繁瑣。我聽說有家新創企業嘗試使用 AI 來讓整套流程自動化，但有位用戶透露這款產品成效不佳，最後還是回歸人工處理，可見這個問題尚未解決。

我也在其他產業中發現同樣效率不彰的過程。像化妝品零售品牌，每星期會從不同通路收到銷售紀錄，但每家通路回報的格式都不同。比如哈洛德百貨（Harrods）會寄送一份 PDF 檔詳細說明各城市的銷售情況，絲芙蘭美妝店（Sephora）則是提供 Excel 檔，記錄每家門市的銷售數據。因此，這些零售品牌的員工每星期都必須逐一確認這些檔案，再人工匯整到一張試算表裡，而之後想要分析這些數據也並非易事。這套流程如此繁瑣，以致有些品牌延遲發現產品銷售不佳，未能及時補救就慘遭百貨公司下架。

我曾經以為我們生活在一個技術發達的世界。然而過去幾年，我聽到這些故事後驚覺許多行業依然效率極低，但科技明明可以幫忙改善現況。

只可惜大家對這些問題興趣缺缺。誠如第 1 章所說，太多創業家和投資人都在追逐依靠奇蹟才能成功的「史詩級」企業，像 Juicero 和 Quibi。這些企業往往要押注眾所期待的新技術，例如區塊鏈、AI 和擴增實境。最近有位創業家向我分享他革命性的創業點子：利用 AI 開發一款軟體，猜測寵物想表達什麼，再翻譯成人類的語言。這些想法充滿雄心壯志，但結果往往不甚理想。

我建議科技業和商業界把更多心力放在那些「無聊」的問題上，比如前述零售品牌的低效率現象，以幫助改善傳統產業。解決無聊的問題往往可以建立出奇穩健的業務，我就遇過一些選擇解決無聊問題的創業家，他們的產品還沒完成就有大批客戶排隊等著消費。因為這些產品可以解決真正令客戶頭痛的難題，讓他們迫不及待想購買，大幅降低了創業的不確定性。

找到一個值得解決的無聊問題並不容易，這仰賴對於某個產業的深入了解，如此才能發現大家所忽視的需求。然而，這跟創業者經常聽到的建議背道而馳。創業者常聽到的故事，是外行人如何顛覆整個產業，最後成為億萬富翁。像 Airbnb 和 Uber 的創辦人，他們本來都不是飯店或交通領域的專家。我認識的獨角獸企業億萬富翁不多，但我倒是見過許多百萬富翁，從自己熟悉的產業出發，解決一個無聊的問題。

解決無聊的問題既實際，也有意義。從此以後，那個「無聊」的問題就不再那麼無聊，因為打造出實用的東西會令人興奮不已。這帶給人的成就感，甚至超越打造出那些當下流行卻乏人問津的產品。

若你仍執意打造「史詩級」的新創企業，我建議不要太依賴奇蹟，與其奢望解決空前的科技難題，不如重新思考產品設計。如此仍然對你的顧客有益，但技術難度會降低。或者，不妨先做些研究，探索有哪些方法可能解決技術問題，再來全力投入，以免對客戶和投資人許下不切實際的承諾。

企業規模小，有時反而比較好

我知道有家新創企業一直想不出打動顧客的產品，雖然在自己感興趣的領域持續推陳出新，也找來潛在客戶一起測試，但客戶的反應始終冷淡。

有一次，這家公司在目標領域和許多人談話後，終於發現一個懸而未決的問題，很多人深受其苦。然而，該公司預估，客戶雖然願意花錢解決問題，但並不想砸大錢。因此，解決這個問題帶來的年收入可能僅有數百萬美元，而非原先向投資人承諾的數千萬，甚至上億美元。於是它放棄了這個機會，繼續尋找更大的問題。據我所知，它至今仍在尋找。

我們在第 2 章談到，新創企業往往只想「做大」，寧願長年虧損也要追求爆炸式成長。但我建議不要輕忽小型企業。大家別忘了，企業最終的目標是盈利，唯有盈利才能支付開銷並長期營運。有時公司規模小一點，反而可以在利基市場（niche market）解決急迫的問題並迅速盈利。

事實上，如果目標是致富，建立一個賺錢的小企業，可能比打造獨角獸企業更有利可圖。如果你的新創企業長期虧損，往往需要出售公司股份，向投資人募集資金。結果就是當企業有朝一日帶來回報時，卻必須與人分享，你只好擴大公司規模，把「蛋糕」變得夠大，才有機會從中獲得可觀的報酬。此外，投資人通常會要求保本機制，要是最後的「蛋糕」太小，你恐怕要放棄所有，空手而回。

此外，創立小型企業才可以維持對企業的控制權，比如說提撥公司一部分的利潤，以分紅的形式作為自己的報酬。外部投資人通常會明文禁止這種行為，希望公司把每一分錢拿來投資，全力追求成長。

再者，鎖定小型市場本身也可能是一種優勢。一些市場過於狹小，無法讓多家廠商獲利，就可能防止抄襲者進入，你的利潤自然而然獲得保障。

如果你仍執意追求「做大」，務必確保這是深思熟慮的決定，確認未來會有盈利的可能。也就是說，你必須預期未來的收益將超過成長階段所累積的虧損。像 LinkedIn 或蘋果這樣能建立強大網路效應或轉換成本的企業，就可以吸引並留住客戶、抵禦競爭者的挑戰。但這種情況並沒有看上去那麼常見。

容我大膽發言，對科技投資人而言，投資小型科技企業也可以賺錢。從獨角獸企業賺取驚人利潤固然誘人，但數據顯示這種策略大多不成功。投資人從「無聊」的小企業長期獲得的報酬，有可能超過追逐獨角獸的高風險報酬。

從創投融資到自力更生

2001 年，一位設計師與一位 DJ 轉行的程式設計師合作，成立小型網頁設計公司，名為 Rocket Science Group。他們跟客戶合作時發現市面上的電子郵件自動行銷工具不夠簡單，也不符合成本效益。於是他們決定自己開發一個，讓自己和客戶使用，並命名為 Mailchimp。創辦人並未依賴外部資金進行開發，而是靠自己的積蓄，以及做網頁設計的收入。

到了 2007 年，兩位創辦人決定放棄原本的網頁設計工作，全心投入銷售電子郵件行銷軟體，因為這個方向看似更有潛力。這款產品迅速盈利，此後這家公司完全靠內部資金來成長，從未接受外部投資。Mailchimp 在往後幾年成為全球領先的電子郵件自動化平台。十年後，這家公司以高達 120 億美元的價格，出售給一家金融軟體巨頭。由於創辦人不需要跟創投公司平分利潤，所以經過這筆交易，他們直接入袋數十億美元現金。

有抱負的創業家一想到創業點子，第一反應往往是向外募資，尤其是向創投公司。否則該如何創業？

雖然創投公司能幫助創辦人創業和發展，但也附帶許多限制。首先，募資過程本身相當耗時，各方共同協商複雜的條款，並花費數週甚至數個月與律師談判。我知道有一家新創企業，花了數月的時間跟創投公司協商條款，其中一位投資人卻在達成協議前一刻突然更改條件。創辦人只好重啟談判，跟律師和投資人反覆協商，又耗費了幾週，過程非常難熬。而當時這家公司還沒有半個付費客戶。

募資完成後，事情還沒結束。創辦人還要定期跟投資人開會，討論公司的發展方向。同時，投資人也會期待公司趕快籌備下一輪募資。有時候，我感覺創辦人為投資人工作的時間，甚至超過為客戶工作的時間。

此外，創投公司投資新創企業時，通常會左右關鍵的商業決策。例如若是條件不夠有利，投資人通常會阻止公司出售。有些創投公司甚至要求，創辦人在聘請高階主管前，務必徵求他們的同意。

於是，創辦人喪失許多對公司營運的控制權，創投公司甚至會撤掉創辦人的管理職，這種情況很常見。商業教授諾姆．華瑟曼（Noam Wasserman）說：

> 我分析兩百一十二家在1990年代末至2000年代初成立的美國新創企業，結果發現創辦人大多在公司還沒上市時就喪失管理權。這些企業創立滿三年時，有高達50%的創辦人不再是執行長；到了第四年，只剩下40%的創辦人仍坐在執行長的位子；只有不到25%的創辦人帶領公司完成首次公開發行。……我的研究顯示，高達4/5的創業者被迫卸下執行長一職。他們大多沒有想過，投資人會突然要求他們交出控制權，所以是在心不甘情不願、沒有準備好的情況下台[1]。

就算新創企業營運狀況不錯，投資人大多仍會逼創辦人離職。我詢問一位前創投人士，為什麼會發生這種情況？他回覆我，正因為公司營運不錯，創辦人才會被驅逐。據他所說，一旦創投公司認為公司可以創造可觀的收益，就會試圖爭取更多控制權。

因此我建議，除非必要，新創企業應避免向外籌措資金。在新創的圈子，不依賴外部資金創業的做法，稱為**自力更生**（bootstrapping）。Mailchimp大概是最成功的典範之一。

新創企業自力更生的故事很少公諸於世，Mailchimp 的成功故事就幾乎不受主流媒體關注。一位新創顧問曾經抱怨：「你可能以為，不依賴外部資金發展的企業應該獲得更多報導和讚譽，畢竟在新創企業中，不靠外部資金成長茁壯，甚至成為獨角獸企業，實在難得一見。可惜現實不如人意，那些自力更生的科技公司，幾乎不受到鼓勵。換句話說，沒有創投的支持，就會默默無聞[2]。」

如果你是有抱負的企業創辦人，希望盡可能自力更生，或許可以利用自己的積蓄或兼職收入來創業。這聽起來可能很困難，但只要你的公司解決實際的問題（或許只是「無聊」的問題），就有可能找到願意付錢購買產品的客戶。這股現金流足以支撐你的營運，甚至是業務成長。

舉例來說，去年我遇到一位航太工程師，他創立新創企業，幫助衛星製造商協調地面物流。他的公司完全是自力更生。初代產品非常簡單，但是它解決客戶迫切的問題，客戶立刻掏腰包購買。此外，創辦人熟知這個領域，利用他既有的人脈便輕鬆觸及潛在客戶。

產品推出後，這位創辦人開始跟創投公司談判募資協議，這看似是正常的發展程序，然而協議達成前夕，他毅然決然取消募資。因為他意識到自己不需要這筆錢，公司早已盈利，有足夠的資金支持自我成長。雖然接受創投資金會加速擴張，但創辦人心知肚明，他有可能喪失對公司的所有權和控制權。

如果你仍執意向創投公司募資，不妨考慮其他協議。例如近年來，SAFE 新型協議興起，根據 SAFE 融資協議，新創企業承諾在未來配股給創投公司，作為融資的回報，而非立即發行股票。這可以延長創辦人對公司的控制權。2023 年又出現一種新協議，叫做 SAFER[3]。它跟 SAFE 的相似之處在於，新創企業承諾在未來配股給投資人，但如果收入允許，公司也會分期支付利息給投資人，回購原本承諾的一部分股份。隨著公司成長，一來投資人可以獲得報酬，二來降低創辦人喪失控制權的風險。

你也可以考慮向天使投資人（angel investor）募資，而不是創投公司。所謂的天使投資人，是自掏腰包投資的有錢人。據我所知，有些天使投資人比較在意公司表現，會積極幫公司找客戶，或者做些重要決策。

無論是否向創投公司募資，於創業而言都有其意義。只不過，創業家大多把創投當成預設選項，甚至希望可以藉此獲得認可。我認為創業家應該要有正確的觀念，明白創投並非創業的唯一方式，而且這往往附帶不少限制。

我有時也在思考，創投產業本身能否有所改變，妥善服務創業家及出資的有限合夥人。長期下來，創投公司獲得的報酬似乎跟創業家和有限合夥人的目標不符，尤其是創投公司每年收取2%的管理費，根本和投資表現無關。若要解決這個問題，恐怕要改變這種報酬結構。有一群投資人建議：「與其採用2%固定管理費，還不如考慮創投公司的營運成本，採取預算式管理費，這樣的報酬機制會比較平衡[4]。」

他們還主張，創投公司經理人的薪資必須更加透明，績效指標的計算方式也需要修改。此外，他們提倡常青基金（evergreen funds），這沒有固定的期限，收益也可以繼續投入，可能比既有的基金架構更好。「常青基金的期限是開放的，不受限於固定的十年期，也不用每隔四、五年募資一次，大幅減少壓力和干擾。」另外，有位創投人士建議讓創投公司主動改變，從原本投資別人的錢，變成投資自己的錢，就可能解決報酬機制失衡的問題[5]。

然而，我不太確定這些改變會不會實現，因為創投公司覺得目前的運作模式效果很好，多年來始終保持穩定。我最近跟一位創投人士談話，他說這個產業體系有問題，2%管理費是導致報酬機制失衡的主因。他當時正籌備一家創投公司，於是我問他，他會如何規畫公司的報酬結構。他說，他仍然會沿用慣例，收取惡名昭彰的2%管理費。我反問他，他剛才明明說這有問題，依然遵循前例，豈不是很矛盾？他回覆我，沒有什麼好矛盾的，因為比起其他創投公司，他會真正關心創業家和有限合夥人的最大利益，所以這筆管理費他賺得心安理得。

從權宜之計到全局思考

經濟低迷時期，政策制定者和經濟學家會想要出手，提出新的經濟理論和政策建議，引導經濟走出衰退並恢復繁榮。例如1930年代大蕭條，經濟學家凱因斯建議政府應大幅增加支出，彌補民間部門支出的不足，進而減少失業、幫助經濟復甦。他認為即使政府找不到實用的支出計畫，也應該盡量花錢，啟動一些沒必要的工程，例如建造紀念碑，因為這依然可以創造就業機會[6]。

凱因斯還提出一個極端的政策建議：

> 如果財政部把舊瓶子裝滿鈔票、埋在廢棄的礦坑，再刻意從城市收集垃圾，掩埋這些舊瓶子，既然政府已經創造了條件，現在就交給自由經濟運作，

> 交由民間企業來挖掘舊瓶子……這樣就不會有失業問題，經過反覆的經濟效應，整個社會的實際收入和資本財富，可能比現在成長許多。當然，更合理的做法是建造房屋之類實用的東西，但如果執行起來有困難，上述方法總比坐以待斃來得好[7]。

此外，凱因斯還提出一個防止經濟衰退的處方：把利率降至零。他認為，這樣可以「消除衰退，讓經濟永遠維持在類似繁榮的狀態[8]」。

凱因斯上述的建議，可能會解決眼前的問題。然而，在分析任何政策時，我們必須考慮意想不到的負面影響，也就是長期而言有沒有可能傷害經濟。假設政府為了減少失業，決定建造紀念碑，這有沒有可能導致營建工人的薪資上漲，或者原料價格提高？如此一來，民間部門若想完成其他更實用的建築工程，成本會不會反而變得更高昂？政府有沒有可能只僱用失業工人、購買市面上過剩的材料，而不影響整個建築產業？

同樣的，我們也應該思考零利率政策帶來的意外影響。例如創業家會不會變得過於樂觀，啟動一些不切實際的專案？又或者，他們會不會借貸過多資金，最終無法償還？

我們在第 4 章討論過，自 2008 年金融危機以來，各國政府實施一系列措施以鼓勵冒險和創業，希望緩解經濟危機的影響。這些措施尤其影響科技產業，科技投資達到前所未有的金額。政府甚至針對科技創業家，提供無須償還的補助，幫助他們推動創新專案。

表面上來看，這些政策似乎在幫助創業家。然而，我認為我們應該更全面地分析這些政策。我們必須自問：「雖然可以幫到創業家，但代價是什麼？」

我們應該考慮這些政策是否會造成意外的後果，例如會不會導致泡沫經濟？雖然泡沫經濟有好處，但伴隨而來的經濟衰退，真的值得嗎？資金變得廉價或免費，創業家會不會大肆編列預算？我見過一些創業家，一旦取得資金就開始把錢花在沒必要的出差、僱用沒必要的助理，甚至探索看似毫無前景的產品，只因為還有多餘的現金。但這些揮霍真的值得嗎？

除了考慮政策的意外影響，還要考慮**機會成本**，也就是**放棄**其他行動方案的代價。要是沒有 Juicero 和 Quibi，為這些公司效命的工程師會怎麼樣呢？會失業嗎？還是會參與其他可能更實際的專案、創造更長遠的價值，甚至推動經濟成長？如果政府**不隨便**給新創企業免費資金，有多少新創企業仍能自食其力募得資金，而不是讓納稅人買單？

這些都是幫忙科技創業家的政策，很難去反對。誰忍心站出來說，創業家不應該獲得那麼多幫助？但如果出手相助時沒有考慮到意想不到的後果和機會成本，恐怕就沒有想像中那麼有幫助。

從按表操課到顧客導向

隨著亞馬遜擴大市場規模，倉儲中心變得更大也更為繁忙。為了提升營運效率，公司開始研究創新技術，追蹤倉儲內包裹和員工的動向。例如 2015 年，亞馬遜申請一項智慧貨架專利，它配備重量感測器，可偵測物品何時被取下，何時被放回[9]。2016 年，亞馬遜又申請超音波信號追蹤的專利，來追蹤倉儲內員工手部的位置[10]。

亞馬遜投入大量心力開發這些先進的倉儲技術，開始思考這些技術還可以用在哪些層面，接著提出一個誘人構想：能否打造一家高科技超市，完全省略結帳流程？取而代之的是顧客進入商店時，以應用程式辨識身份，攝影機會監控顧客的購物流程。顧客離場後，AI 會處理影片，寄送帳單。宣傳影片提出了一個問題：「如果能夠將最先進的機器學習、電腦視覺和 AI，全部融入商店營運的每處細節，人們就不需要排隊結帳，這會是怎樣的光景[11]？」

2016 年 12 月，亞馬遜打造出名為「Just Walk Out」的原型，隨即於西雅圖一家僅對亞馬遜員工開放的超市展開測試。亞馬遜宣布，這家商店預計在 2017 年初對民眾開放[12]，不料由於技術性問題，開放時間只好延後[13]。

一年後，配有 Just Walk Out 技術的商店終於對外開放，命名為「Amazon Go」。根據彭博社報導，亞馬遜希望在 2021 年之前，再開設三千家類似的門市[14]。

然而民眾對這些商店的反應冷淡，可見大家更在意價格優不優惠，而非結帳技術先不先進。一位商業顧問解釋：「光有『Just Walk Out』自動超市技術還不夠，零售商還要提供有競爭力的價格，以及令人愉快的購物體驗。」另一位策略顧問補充：「顧客更想要省錢。即使有最先進的自動結帳技術，短期內也無法扭轉趨勢。……而亞馬遜似乎也發現了這一點[15]。」

此外，比起一般附設自助結帳機的超市，Amazon Go 的營運成本似乎沒有比較低，因為仍需僱人補貨，甚至幫顧客處理應用程式掃描的問題。何況 AI 技術的成效並不理想，大約 70%的交易影片仍要交由真人遠距審核[16]。

接下來四年，亞馬遜在英美開設數十家配有 Just Walk

Out 的門市。然而，由於商業成效不如預期，其中一些門市很快就關閉。2023 年 1 月，亞馬遜關閉倫敦一家僅僅開業了十六個月的門市。兩個月後，又在美國關閉八家門市。再過三個月，又關閉倫敦三家門市。

到了 2024 年初，配有 Just Walk Out 技術的門市僅剩下四十二家。亞馬遜原本要把技術賣給其他超市，但全球僅有一百三十家超市採用[17]。2024 年 4 月，亞馬遜宣布旗下部分門市要淘汰 Just Walk Out 技術，並停止在新門市部署。亞馬遜發言人坦言：「我們聽取顧客意見，雖然這省略了排隊結帳的麻煩，但顧客希望有更多功能，例如輕鬆找到附近的商品和優惠、在購物過程中查看購物清單和金額，以及了解自己節省了多少錢[18]。」

我百思不得其解，不懂亞馬遜到底想幫顧客解決什麼問題。顧客真的有這麼討厭結帳，討厭到專門跑去 Amazon Go 商店嗎？在我居住的地方，Amazon Go 問世時多數超市早已設有多台自助結帳機，幾乎沒人在排隊結帳。Amazon Go 只不過省去在自助結帳機掃描商品的時間，這對顧客來說，真的是大問題嗎？

如果這項技術是為了降低超市的營運成本，提供顧客更優渥的折扣，帶來的益處似乎也不明顯。因為配有 Just

Walk Out 技術的超市，需要僱用的員工數量跟一般超市差不多，還要額外負擔安裝技術和運行的成本。

近年來，我感覺科技產業似乎都忽略顧客。我想，這應該可以解釋在第 5 章提到的生產力低落問題。例如科技公司如今的首要之務，並不是提供實用的產品，而是把穩定的流程擺在首位，採用過度嚴苛的流程、過度干預每個細節，拉長任務完成的時間。此外，許多科技公司並沒有用心理解顧客，而是不斷地摸索和犯錯，靠蠻力理解顧客的需求。因此，我建議把客戶擺在流程之前。別忘了，我們服務的對象是顧客。

有一個方法可以關注顧客的需求，就是採用敏捷原則，但非套用敏捷公式。這些原則會引導我們一步一步去打造產品，隨時向顧客徵求意見。例如過去幾年來，我身為自由接案者承接了多項軟體專案，發現客戶往往懷抱雄心壯志，希望一次打造出很大的產品。因此我經常建議放慢腳步，幫忙拆解產品的構想，使其更容易管理。接著我會陪客戶一起挑選最有成就感，但花費最少心力的部分。如此一來，就可以盡快測試實際的產品，並且獲得意見。這也會給我動力，因為打從一開始，我就在打造有價值的功能。

我建議採用敏捷原則時，必須以顧客為導向，而不是盲目套用公式。例如問自己：「我們能快速打造出什麼有用的東西？」而不是：「兩週衝刺期可以完成什麼？」如果想衡量進度，不妨問自己：「目前為止，已經為顧客提供多少實用的功能？」而不是：「Scrum 待辦事項已經做完幾個？」

當我建議大家，沒必要完全照著敏捷方法走時，有些人聽了會慌張，於是就問我：「那要如何管理日常工作？」有時確實需要一套架構來安排工作，否則會一團亂，規模較大的團隊尤其如此。因此，我建議為了好好服務顧客，大型團隊要依照具體情況調整。此外，負責基層工作的員工，例如程式開發人員，應該有權決定工作架構，而不是什麼都聽主管的，例如 Spotify 讓每個團隊自由選擇或建立自己的工作流程[19]。

幾年前，我在一家科技公司工作，專為旅客開發軟體。我的團隊負責發布新軟體，每天會有數百萬旅客使用。這種軟體在幕後運作，大多數人不會注意到，但只要故障了後果就非同小可。據說幾年前，公司有個團隊不小心發布有問題的軟體，修復前每個小時都要損失 15 萬美元。我們可不想重蹈覆轍。

軟體正式上線時，我們在數週內分階段發布，以免發生問題。這幾週是關鍵時期，我們決定每天早上都開會，一起查看和分析數據，確保一切正常運行。這有別於 Scrum 模式強制規定的「每日會議」，我們是自行決定要每天開會，因為我們真的不希望發生問題。等到系統完全上線，就不再天天開會，因為沒有必要。

還有一次，我參與一家新創企業的臨時專案，幫忙開發應用程式新功能。這項功能由我一人開發，因為這是我有經驗的小眾領域，但還要跟應用程式的其他部分整合。整合過程中，我要跟其他工程師反覆溝通。由於顧客滿懷期待，我們想盡快完成，決定跳脫衝刺期的規畫，甚至不安排任何會議。反之，我們選擇盡量加快行動，若有需要，隨時可以開始電話會議。

上述這兩個故事的工作架構截然不同，一個是固定每日開會，另一個是即興會議，但有個共同點：我們都是依照具體情況來選擇最適合的架構，好好服務顧客。

如果你採用某種公式，大家不乖乖遵守，例如開會不專心或抱怨要開會，那麼問題可能是出在公式，而不是科技人員。因此，一定要聽取他們的意見。如果你執意套用公式，就是把科技人員當成幼兒對待，你以為自己比科技人員更懂，要求他們違背本能行事。這就好像在命令他們：

「快把房間打掃乾淨，否則今天不能看電視！」

我對於精實創業法以及它衍生出來的「蠻力」創業法，也有類似的建議：不要按表操課，應該以顧客為本。與其做一些隨機的實驗，摸索可行的做法，還不如試著了解顧客，挑選值得做的實驗。這些實驗結果會幫助我們深入了解顧客，驗證我們對顧客的假設。一位商業顧問曾說：

> 企業在創新過程中常犯的錯誤，往往是沒有事先探索問題，就直接開發解決方案。如果先花時間探索問題，反而更有成效。你會明白民眾在哪裡觸礁了、有哪些尚未滿足的需求值得你去解決，確保你提供的解決方案能夠明顯改善情況。等到你有這些概念，就能打造出顧客喜愛的產品[20]。

當公司優先考慮顧客、提供優良的產品，而非盲目遵循公式，就會有奇蹟發生。顧客因為問題解決而心滿意足，科技人員也因為高效運用時間、打造真正有價值的成品而收穫成就感。我認為這才是科技應該追求的目標。

結語

最終的省思

我小時候就對各種機器都很好奇，其中電梯令我格外著迷。我好奇是什麼機械原理，讓電梯能夠上下移動，並且自動開關門。然而，因為我住在很小的城鎮，沒有太多機會搭電梯。所以跟爸媽一起旅行時，我都非常興奮，因為有機會住旅館，而旅館通常有電梯。

我五歲那一年，全家人一起開車旅行，住進一家沒有電梯的旅館。我大吵大鬧，哭得很厲害，還好我們入住的下一間旅館有電梯。有一天下午，我趁父母不注意，偷偷溜出房間跑去搭電梯。門沒有關好，那時大多數電梯都要手動關門，結果門鬆開了，電梯卡在兩層樓之間。我不知道為什麼電梯停了，就開始哭喊求救，最後被救了出來。

幾年後，我發現了一樣改變人生的東西。我家附近有一個大城市，那裡有一家購物中心，裡面的電梯做了玻璃天花板。我抬頭仰望，可以看到鋼纜甚至是控制開關門的小引擎。每當我們去那個大城市旅行，爸媽一定會帶我去那個購物中心，讓我瘋狂搭電梯，不用花什麼錢還可以逗我開心。

往後幾年，我對電梯的熱情逐漸消退，但有了新的興趣。例如有一段時間我對條碼非常著迷。每當跟爸媽去超市購物，我就到處閒晃，練習用肉眼辨識條碼的數字。

到了十六歲，我迷上飛機。我好奇飛機怎麼運轉，以及飛上天的原理。我竟然發現，大家對飛行動力學的解釋其實不正確。後來，我看到一本改變人生的書，名叫《飛行的原理》（*See How It Flies*），其中駁斥了對飛行動力學的既有解釋，提供了更好的解答[1]。

幾年後，我們家族搭飛機一起旅行，我坐在一位退休物理老師旁邊。他發現我望著窗外的機翼，心想可以跟我這個青少年聊聊天，一邊教導我飛行知識，一邊打發時間。他告訴我：「你知道嗎？說到飛機飛行，一般常見的解釋都是錯的。大家總以為跟機翼的形狀有關，但關聯其實不大。對了，還有另一種解釋。你知道水怎麼流過湯匙的嗎？那個現象我忘了，但是……」

我打斷了他，接著說：「您是說康達效應（Coanda effect）嗎？」我告訴他，康達效應也不適合解釋飛機飛行，並向他推薦了《飛行的原理》。這大概是我這輩子最臭屁的一次，我發誓從那以後已經收斂不少。

我長大後的志向是打造實用的工具，這樣就可以把我對科學和科技的熱情化為職業。我決定就近在當地的大學學習電腦科學，希望不久後開發出來的東西，能夠讓成千上萬的人使用。

但是，當我踏入科技產業後，卻震驚不已。我發現在這個產業很難找到有意義的工作。誰料想得到呢？我的童年夢想徹底破滅了。

但現狀是可以改變的。我希望透過本書，讓大家反思科技狂熱的現象，同時期盼未來變得更好，讓我們這些想要創造實用物品的科技人員一展長才。

致謝

我發現寫一本書比一開始想像的困難許多。最具挑戰性之處並非標點符號或文法，而是猜想讀者對我的文字會有什麼反應。我經常想：「這樣寫有趣嗎？」「會不會太無聊？」「夠不夠清楚？」「是不是太主觀了？」「節奏會不會太快？還是會太慢？」（順帶一提，AI 在這方面幫不了什麼忙。）

除非麻煩他人閱讀初稿並徵求對方的意見，否則上述問題很難有答案。這就是為什麼我要特別感謝首批讀者，包括亞當（Adam）、夏洛特（Charlotte）和潔西（Jesse）。他們在我書寫的過程中逐章閱讀並主動提供寶貴的建議，甚至在有需要的時候幫助我改善初稿、調整方向。

我還要感謝許多參與訪談的人，他們分享自己的故事，並推薦我一些研究素材。最後，我想感謝所有幫忙完成本書的人。尤其是封面設計師保羅・霍金斯（Paul Hawkins），以及那些幫忙挑選書名的親朋好友，這並非易事。要是沒有你們的幫助，這本書就沒有這樣的內容和外觀。

感謝大家！

注釋

前言

1. Weil, Cortney. "Twitter 'Day in a Life' Video Indicates Lots of Downtime, Very Little Actual Work." *Blaze Media*, 27 Oct. 2022, https://www.theblaze.com/news/twitter-day-in-life-video. Accessed 28 Apr. 2024.
2. McArdle, Megan. "Just When You Thought Musk's Twitter Foray Couldn't Get Wilder." *Washington Post*, 23 Oct. 2022, https://www.washingtonpost.com/opinions/2022/10/23/elon-musk-plans-twitter-job-cuts/. Accessed 28 Apr. 2024.
3. McArdle, Megan. "How Elon Musk Fired Twitter Staff and Broke Nothing." *Washington Post*, 19 Feb. 2023, https://www.washingtonpost.com/opinions/2023/02/19/elon-musk-twitter-layoffs-tech/. Accessed Apr. 2024.

第 1 章

1. McCullough, Brian. "An Eye-Opening Look at the Dot-Com Bubble of 2000 — and How It Shapes Our Lives Today." Ideas.Ted.com, 4 Dec. 2018, https://ideas.ted.com/an-eye-opening-look-at-the-dot-com-bubble-of-2000-and-how-it-shapes-our-lives-today/. Accessed 28 Apr. 2024.

2. Teare, Gené. "Global Funding Slide in 2022 Sets Stage for Another Tough Year." *Crunchbase News*, 5 Jan. 2023, https://news.crunchbase.com/venture/global-vc-funding-slide-q4-2022/. Accessed 28 Apr. 2024.
3. "Unicorns Guide." Dealroom.co, dealroom.co/guides/guide-to-unicorns. Accessed 28 Apr. 2024.
4. Wijngaarde, Yoram. "Global Venture Capital Is Crushing All Records in 2021." Dealroom.co, 7 July 2021, https://dealroom.co/blog/global-venture-capital-is-crushing-records-in-h1-2021. Accessed 28 Apr. 2024.
5. Pringle, Eleanor. "'Penned' Tech Specialists Are Earning Six-Figure Salaries to 'Do Nothing' and String out 10-Minute Tasks." *Fortune*, 7 Apr. 2023, https://fortune.com/2023/04/07/tech-bank-jobs-paid-to-do-no-work. Accessed 28 Apr. 2024.
6. Gompers, Paul, et al. "How Do Venture Capitalists Make Decisions?" *NBER Working Papers*, Sept. 2016, https://doi.org/10.3386/w22587.
7. Wright, Keith. "Silicon Valley Tech Bubble Is Larger than It Was in 2000, and the End Is Coming." CNBC, 22 May 2018, https://www.cnbc.com/2018/05/22/tech-bubble-is-larger-than-in-2000-and-the-end-is-coming.html. Accessed 28 Apr. 2024.
8. Orn, Scott. "Where Do VCs Get Their Money?" Kruze Consulting, 16 Mar. 2021, https://kruzeconsulting.com/blog/where-VCs-get-their-money/. Accessed 28 Apr. 2024.
9. Hetler, Amanda. "Tech Sector Layoffs Explained: What You Need

to Know." TechTarget, 12 Apr. 2023, https://techtarget.com/whatis/feature/Tech-sector-layoffs-explained-What-you-need-to-know. Accessed 28 Apr. 2024.

10. Stringer, Alyssa, and Cody Corrall. "A Comprehensive List of 2023 & 2024 Tech Layoffs." *TechCrunch*, 15 Apr. 2024, https://techcrunch.com/2024/04/15/tech-layoffs-2023-list/. Accessed 28 Apr. 2024.
11. Graham, Paul. "Startup = Growth." Paulgraham.com, Sept. 2012, https://paulgraham.com/growth.html. Accessed 28 Apr. 2024.
12. Carey, Scott. "Loot Set out to Disrupt the Banks, Now It's Funded by RBS, What Next?" *Computerworld*, 25 Feb. 2019, https://www.computerworld.com/article/3558320/loot-set-out-to-disrupt-the-banks-now-it-s-funded-by-rbs-what-next.html. Accessed 28 Apr. 2024.
13. O'Hear, Steve. "Loot, the Digital Current Account Aimed at Students and Millennials, Banks £2.2M Series A." *TechCrunch*, 15 Dec. 2017, https://techcrunch.com/2017/12/15/loot/. Accessed 28 Apr. 2024.
14. Greaves, Edmund. "Digital Banking App Loot Goes Bust after It Fails to Secure Financial Backing from RBS." Interactive Investor, 22 May 2019, https://www.ii.co.uk/analysis-commentary/digital-banking-app-loot-goes-bust-after-it-fails-secure-financial-backing-rbs-ii512837. Accessed 28 Apr. 2024.
15. Zaleski, Olivia, et al. "Inside Juicero's Demise, from Prized Startup to Fire Sale." *Bloomberg*, 8 Sept. 2017, https://www.bloomberg.

com/news/features/2017-09-08/inside-juicero-s-demise-from-prized-startup-to-fire-sale. Accessed 28 Apr. 2024.

16. Huet, Ellen, and Olivia Zaleski. "Juicero Inc: Silicon Valley Startup Horrified by Discovery of Basic Fault with $400 Juicer." *The Independent*, 20 Apr. 2017, https://www.independent.co.uk/news/business/juicero-inc-silicon-valley-startup-basic-fault-400-juicer-doug-evans-investors-a7692616.html. Accessed 28 Apr. 2024.
17. Bell, Duncan. "Juicero - the Nespresso of Juicing - Is Such a Ridiculous Idea We Assumed It Was an April Fool." *T3*, 21 Apr. 2017, https://www.t3.com/news/juicero-the-nespresso-of-juicing-is-such-a-ridiculous-idea-we-assumed-it-was-an-april-fool. Accessed 28 Apr. 2024.
18. Huet, Ellen, and Olivia Zaleski. "Juicero Inc: Silicon Valley Startup Horrified by Discovery of Basic Fault with $400 Juicer." *The Independent*, 20 Apr. 2017, https://www.independent.co.uk/news/business/juicero-inc-silicon-valley-startup-basic-fault-400-juicer-doug-evans-investors-a7692616.html. Accessed 28 Apr. 2024.
19. Kowitt, Beth. "Startup Selling $400 Juicers Plans to Lower Prices and Cut 25% of Staff." *Fortune*, 14 July 2017, https://fortune.com/2017/07/14/juicero-layoffs-lower-prices/. Accessed 28 Apr. 2024.
20. Reilly, Claire. "Juicero Is Still the Greatest Example of Silicon Valley Stupidity." CNET, 1 Sept. 2018, https://www.cnet.com/culture/juicero-is-still-the-greatest-example-of-silicon-valley-stupidity/. Accessed 28 Apr. 2024.

21. "What Happened to Juicero, the $699 Cold Press Juicer?" *Failory*, https://www.failory.com/cemetery/juicero. Accessed 28 Apr. 2024.

22. Zaleski, Olivia, et al. "Inside Juicero's Demise, from Prized Startup to Fire Sale." *Bloomberg*, 8 Sept. 2017, https://www.bloomberg.com/news/features/2017-09-08/inside-juicero-s-demise-from-prized-startup-to-fire-sale. Accessed 28 Apr. 2024.

23. "Why Startups Fail: Top 12 Reasons." *CB Insights Research*, 3 Aug. 2021, https://www.cbinsights.com/research/report/startup-failure-reasons-top/. Accessed 28 Apr. 2024.

24. Graham, Paul. "How to Get Startup Ideas." Paulgraham.com, Nov. 2012, https://paulgraham.com/startupideas.html. Accessed 28 Apr. 2024.

25. Chowdhury, Hasan. "The VC Dream Machine Pumped out One Dumb Startup after Another. 2023 Should Put an End to That." *Business Insider*, 21 Dec. 2022, https://www.businessinsider.com/2023-should-see-fewer-vc-funded-dumb-ideas-2022-12. Accessed 28 Apr. 2024.

26. Mills, D. Quinn. "Who's to Blame for the Bubble?" *ww*, 1 May 2001, https://hbr.org/2001/05/whos-to-blame-for-the-bubble. Accessed 28 Apr. 2024.

27. BenevolentAI. "BenevolentAI Raises $115 Million to Extend Its Leading Global Position in the Field of AI Enabled Drug Development." *PR Newswire*, 18 Apr. 2018, https://www.prnewswire.com/news-releases/benevolentai-raises-115-million-to-extend-its-leading-global-position-in-the-field-of-ai-enabled-drug-

development-680180573.html. Accessed 28 Apr. 2024.

28. *BenevolentAI Annual Report*. 2022, https://www.benevolent.com/application/files/9816/7939/1282/BenevolentAI_Annual_Report_2022.pdf. Accessed 28 Apr. 2024.

29. Lowe, Derek. "BenevolentAI: Worth Two Billion?" *Science*, 23 Apr. 2018, https://www.science.org/content/blog-post/benevolentai-worth-two-billion. Accessed 28 Apr. 2024.

30. Quested, Tony. "BenevolentAI on the Cusp of Greatness." *Business Weekly*, 16 Mar. 2023, https://www.businessweekly.co.uk/posts/benevolentai-on-the-cusp-of-greatness. Accessed 28 Apr. 2024.

31. Taylor, Nick Paul. "BenevolentAI, Cruel R&D: AI-Enabled Drug Flunks Midphase Eczema Trial to Dent Deal Plans." *FIERCE Biotech*, 5 Apr. 2023, https://www.fiercebiotech.com/biotech/benevolentai-cruel-rd-ai-enabled-drug-flunks-midphase-eczema-trial-dent-deal-plans. Accessed 28 Apr. 2024.

32. Taylor, Nick Paul. "BenevolentAI Makes Deep Cuts after Midphase Flop, Laying off 180 and Shrinking Lab Footprint." *FIERCE Biotech*, 25 May 2023, https://www.fiercebiotech.com/biotech/benevolentai-makes-deep-cuts-after-midphase-flop-laying-180-and-shrinking-lab-footprint. Accessed 28 Apr. 2024.

33. "BenevolentAI Unveils Strategic Plan to Position the Company for a New Era in AI." *Business Wire*, 25 May 2023, https://www.businesswire.com/news/home/20230524005926/en/BenevolentAI-Unveils-Strategic-Plan-to-Position-the-Company-for-a-New-Era-in-AI. Accessed 28 Apr. 2024.

34. Weitering, Hanneke. "Archer Completes Midnight EVTOL Aircraft Assembly." *Aviation International News*, 11 May 2023, https://www.ainonline.com/news-article/2023-05-11/archer-completes-midnight-evtol-aircraft-assembly. Accessed 28 Apr. 2024.
35. Alcock, Charles. "EVTOL Aircraft Make the Case for Advanced Air Mobility at the Paris Air Show." *Aviation International News*, 19 June 2023, https://www.ainonline.com/news-article/2023-06-20/evtol-aircraft-make-case-advanced-air-mobility-paris-air-show. Accessed 28 Apr. 2024.
36. Blain, Loz. "Second High-Profile Test Flight Crash Rocks EVTOL Industry." *New Atlas*, 15 Aug. 2023, https://newatlas.com/aircraft/vertical-aerospace-evtol-crash/. Accessed 28 Apr. 2024.
37. Weitering, Hanneke. "Archer Aviation Reveals Full-Sized Midnight EVTOL Air Taxi." *Aviation International News*, 17 Nov. 2022, https://www.ainonline.com/news-article/2022-11-16/archer-aviation-reveals-full-sized-midnight-evtol-air-taxi. Accessed 28 Apr. 2024.
38. Weitering, Hanneke. "Archer Completes Midnight EVTOL Aircraft Assembly." *Aviation International News*, 11 May 2023, https://www.ainonline.com/news-article/2023-05-11/archer-completes-midnight-evtol-aircraft-assembly. Accessed 28 Apr. 2024.
39. "First Integrated Vertiport Inaugurated in Paris, Epicentre of Sustainable Advanced Air Mobility (AAM) in Europe." Groupe ADP, 10 Nov. 2022, https://presse.groupeadp.fr/first-vertiport-pontoise/?lang=en. Accessed 28 Apr. 2024.

40. Lecca, Tommaso. "Why You Won't Fly in an Air Taxi at the Paris Olympics." *Politico*, 14 Feb. 2024, https://www.politico.eu/article/why-you-wont-fly-air-taxi-paris-olympics/. Accessed 28 Apr. 2024.
41. Johansson, Eric. "Why You Won't Get Flying Cars Any Time Soon." Verdict, 8 Nov. 2022, https://www.verdict.co.uk/why-you-wont-get-flying-cars-any-time-soon/. Accessed 28 Apr. 2024.
42. Levin, Tim. "One of Uber's Earliest Investors Says the Billions It Spent on Self-Driving Were a Waste of Money." *Business Insider*, 2 Feb. 2021, https://www.businessinsider.com/uber-self-driving-waste-of-money-benchmark-bill-gurley-2021-2. Accessed 28 Apr. 2024.
43. Csathy, Peter. "The Case for and against Katzenberg's Quibi." *Forbes*, 12 Aug. 2019, https://www.forbes.com/sites/petercsathy/2019/08/12/the-case-for-and-against-katzenbergs-quibi/. Accessed 28 Apr. 2024.
44. Chmielewski, Dawn. "Coronavirus Lockdown Will Boost Jeff Katzenberg's and Meg Whitman's New Mobile Streaming Service Quibi." *Forbes*, 3 Apr. 2020, https://www.forbes.com/sites/dawnchmielewski/2020/04/03/coronavirus-lockdown-will-boost-jeff-katzenbergs-and-meg-whitmans-new-mobile-streaming-service-quibi/. Accessed 28 Apr. 2024.
45. Berg, Madeline. "Quibi by the Numbers: From Sizzle Reel to Sunken Ship in Less than Seven Months." *Forbes*, 21 Oct. 2020, https://www.forbes.com/sites/maddieberg/2020/10/21/quibi-by-the-numbers-from-sizzle-reel-to-sunken-ship-in-less-than-seven-

months/. Accessed 30 Apr. 2024.

46. Byers, Dylan. "Barry Diller Weighs in on the Hollywood Streaming Wars." *NBC News*, 4 Mar. 2020, https://www.nbcnews.com/news/all/barry-diller-weighs-hollywood-streaming-wars-n1149316. Accessed 30 Apr. 2024.
47. Wallace, Benjamin. "Is Anyone Watching Quibi?" *Vulture*, 6 July 2020, https://www.vulture.com/2020/07/is-anyone-watching-quibi.html. Accessed 30 Apr. 2024.
48. Lee, Benjamin. "Quibi Review – Shortform Sub-Netflix Shows Aren't Long for This World." *The Guardian*, 6 Apr. 2020, https://www.theguardian.com/tv-and-radio/2020/apr/06/quibi-streaming-review-short-form-tv. Accessed 30 Apr. 2024.
49. VanArendonk, Kathryn. "Yep, Quibi Is Bad." *Vulture*, 24 Apr. 2020, https://www.vulture.com/2020/04/the-bites-are-quick-and-bad.html. Accessed 30 Apr. 2024.
50. Wallace, Benjamin. "Is Anyone Watching Quibi?" *Vulture*, 6 July 2020, https://www.vulture.com/2020/07/is-anyone-watching-quibi.html. Accessed 30 Apr. 2024.
51. Koetsier, John. "Massive TikTok Growth: Up 75% This Year, Now 33X More Users than Nearest Direct Competitor." *Forbes*, 14 Sept. 2020, https://www.forbes.com/sites/johnkoetsier/2020/09/14/massive-tiktok-growth-up-75-this-year-now-33x-more-users-than-nearest-competitor/. Accessed 30 Apr. 2024.
52. Boorstin, Julia, and Steve Kovach. "Quibi Officially Announces It's Shutting Down." CNBC, 21 Oct. 2020, https://www.cnbc.

com/2020/10/21/quibi-to-shut-down-after-just-6-months.html.

53. Berg, Madeline. "Quibi by the Numbers: From Sizzle Reel to Sunken Ship in Less than Seven Months." *Forbes*, 21 Oct. 2020, https://www.forbes.com/sites/maddieberg/2020/10/21/quibi-by-the-numbers-from-sizzle-reel-to-sunken-ship-in-less-than-seven-months/. Accessed 30 Apr. 2024.

54. "An Open Letter from Quibi," 21 Oct. 2020, https://quibi-hq.medium.com/an-open-letter-from-quibi-8af6b415377f. Accessed 30 Apr. 2024.

55. García-Hodges, Ahiza. "Quibi Is Shutting down Just Months after Launching." *NBC News*, 22 Oct. 2020, https://www.nbcnews.com/news/all/quibi-shutting-down-just-months-after-launching-n1244215. Accessed 30 Apr. 2024.

56. *Future Fund Management Agency, Australian Government*. https://www.futurefund.gov.au/. Accessed 30 Apr. 2024.

57. Patrick, Aaron. "Future Fund Invested in Failed Quibi Streaming Service." *Australian Financial Review*, 22 Oct. 2020, https://www.afr.com/technology/future-fund-invested-in-failed-quibi-streaming-service-20201023-p567u6. Accessed 30 Apr. 2024.

58. Hermann, Jaryd. "Why Quibi Died: The $2B Dumpster Fire That Was Supposed to Revolutionize Hollywood." *How They Grow*, 14 June 2023, https://www.howtheygrow.co/p/why-quibi-died-the-2b-dumpster-fire. Accessed 30 Apr. 2024.

59. Smith, Tim, and Amy Lewin. "See the Pitch Memo That Raised €105m for Four-Week-Old Startup Mistral." *Sifted*, 21 June 2023,

https://sifted.eu/articles/pitch-deck-mistral. Accessed 30 Apr. 2024.

60. 同上。

61. 同上。

62. Lunden, Ingrid. "France's Mistral AI Blows in with a $113M Seed Round at a $260M Valuation to Take on OpenAI." *TechCrunch*, 13 June 2023, https://techcrunch.com/2023/06/13/frances-mistral-ai-blows-in-with-a-113m-seed-round-at-a-260m-valuation-to-take-on-openai/. Accessed 30 Apr. 2024.

63. "Month-Old AI Startup Mistral Raises $113 Million." *PYMNTS*, 14 June 2023, https://www.pymnts.com/news/investment-tracker/2023/month-old-ai-startup-mistral-raises-113-million/. Accessed 30 Apr. 2024.

64. Guest, Peter. "Why Silicon Valley Falls for Frauds." *Wired*, 2 Oct. 2023, https://www.wired.com/story/why-silicon-valley-falls-for-frauds/. Accessed 30 Apr. 2024.

65. 同上。

66. Masters, Brooke. "Doesn't Anyone Do Due Diligence Any More?" *Financial Times*, 30 Nov. 2022, https://www.ft.com/content/e739d9ed-b8ee-4d8e-ad29-0d01889d5775.Accessed 30 Apr. 2024.

67. Williams-Grut, Oscar. "Loot Raises £1.5 Million to Build a Bank for 'Generation Snapchat.'" *Business Insider*, 21 June 2016, https://www.businessinsider.com/loot-raises-series-a-rocket-internet-bank-for-millennials-2016-6. Accessed 30 Apr. 2024.

68. Ford Rojas, Jean-Paul. "Rishi Sunak to Offload Further Chunk of State-Backed NatWest over next 12 Months." *Sky News*, 22 July

2022, https://news.sky.com/story/treasury-to-offload-up-to-15-of-state-backed-natwest-over-next-12-months-12361034. Accessed 30 Apr. 2024.

69. Bradbury, Rosie. "Calpers Ups vc Allocation after Lost Decade." PitchBook, 11 Jan. 2023, https://pitchbook.com/news/articles/calpers-venture-asset-class-tiger-lightspeed. Accessed 30 Apr. 2024.

70. Haque, Jennah, and Marvis Gutierrez. "Crypto Fallout Leaves US Retiree Benefits Mostly Unscathed." *Bloomberg*, 18 Nov. 2022, https://www.bloomberg.com/news/articles/2022-11-18/crypto-fallout-leaves-us-retiree-benefits-mostly-unscathed. Accessed 30 Apr. 2024.

71. Cumbo, Josephine. "Calpers Plans Multibillion-Dollar Push into Venture Capital." *Financial Times*, 12 June 2023, https://www.ft.com/content/86b49e10-3dd2-4427-b70b-993bad47b061. Accessed 30 Apr. 2024.

72. Jacobius, Arleen. "Afore XXI Banorte Targets $1 Billion in International Private Equity, Real Estate." *Pensions & Investments*, 2 May 2018, https://www.pionline.com/article/20180502/ONLINE/180509972/afore-xxi-banorte-targets-1-billion-in-international-private-equity-real-estate. Accessed 30 Apr. 2024.

第 2 章

1. Duhigg, Charles. "How Venture Capitalists Are Deforming Capitalism." *The New Yorker*, 23 Nov. 2020, https://www.newyorker.com/magazine/2020/11/30/how-venture-capitalists-are-

deforming-capitalism. Accessed 30 Apr. 2024.

2. Wansley, Matthew, and Samuel Weinstein. "Venture Predation." *Cardozo Legal Studies Research Paper*, No. 708, Jan. 2023, https://doi.org/10.2139/ssrn.4437360. Accessed 30 Apr. 2024.
3. Molla, Rani. "Why Companies like Lyft and Uber Are Going Public without Having Profits." *Vox*, 6 Mar. 2019, https://www.vox.com/2019/3/6/18249997/lyft-uber-ipo-public-profit. Accessed 30 Apr. 2024.
4. Ritter, Jay R. "Initial Public Offerings: Updated Statistics." Warrington College of Business, 26 Apr. 2024, https://site.warrington.ufl.edu/ritter/files/IPO-Statistics.pdf. Accessed 30 Apr. 2024.
5. Billing, Mimi, et al. "Struggling Scooter Scaleup Tier Raises Convertible Note from Existing Investors as It Looks for a Buyer." *Sifted*, 16 May 2023, https://sifted.eu/articles/escooter-tier-convertible-note-investors-buyer-news. Accessed 30 Apr. 2024.
6. Mendel, Jack. "Dott Ends London E-Bike Service due to 'High Fees and Varied Regulations.'" *City AM*, 22 Sept. 2023, https://www.cityam.com/dott-ends-london-e-bike-service-due-to-high-fees-and-varied-regulations/. Accessed 30 Apr. 2024.
7. Duhigg, Charles. "How Venture Capitalists Are Deforming Capitalism." *The New Yorker*, 23 Nov. 2020, https://www.newyorker.com/magazine/2020/11/30/how-venture-capitalists-are-deforming-capitalism. Accessed 30 Apr. 2024.
8. 請見此處的討論：https://twitter.com/lennysan/status/1314237584

952881152. Accessed 30 Apr.

9. Raval, Anjli. "WeWork Looking to Share Its Plans for Coworking beyond US Borders." *Financial Times*, 11 Mar. 2024, https://www.ft.com/content/5bd2bc20-a862-11e3-8ce1-00144feab7de. Accessed 30 Apr. 2024.

10. Nicolaou, Anna. "WeWork Cultivating 'Physical Social Network.'" *Financial Times*, 17 Mar. 2016, https://www.ft.com/content/f2e073a2-d0ef-11e5-831d-09f7778e7377. Accessed 30 Apr. 2024.

11. "WeWork Amenities." WeWork, https://www.wework.com/en-GB/l/coworking-space/central-london--london#amenities-full/. Accessed 30 Apr. 2024.

12. Ockwell, Bif. "The Community Teams at the Heart of Every WeWork." Ideas, 8 Dec. 2022, https://www.wework.com/ideas/community-stories/employee-spotlight/the-community-teams-at-the-heart-of-every-wework. Accessed 30 Apr. 2024.

13. Rice, Andrew. "Is This the Office of the Future or a $5 Billion Waste of Space?" *Bloomberg*, 21 May 2015, https://www.bloomberg.com/news/features/2015-05-21/wework-real-estate-empire-or-shared-office-space-for-a-new-era-. Accessed 30 Apr. 2024.

14. Brown, Eliot. "WeWork: A $20 Billion Startup Fueled by Silicon Valley Pixie Dust." *Wall Street Journal*, 19 Oct. 2017, https://www.wsj.com/articles/wework-a-20-billion-startup-fueled-by-silicon-valley-pixie-dust-1508424483. Accessed 30 Apr. 2024.

15. Nicolaou, Anna. "WeWork Cultivating 'Physical Social Network.'" *Financial Times*, 17 Mar. 2016, https://www.ft.com/content/

f2e073a2-d0ef-11e5-831d-09f7778e7377. Accessed 30 Apr.

16. "WeWork S-1 Form." SEC, 14 Aug. 2019, https://www.sec.gov/Archives/edgar/data/1533523/000119312519220499/d781982ds1.htm. Accessed 30 Apr. 2024.

17. Brown, Eliot, and Maureen Farell. "Former WeWork Chief's Gargantuan Exit Package Gets New Sweetener." *Wall Street Journal*, 27 May 2021, https://www.wsj.com/articles/former-wework-chiefs-gargantuan-exit-package-gets-new-sweetener-11622115000. Accessed 30 Apr. 2024.

18. WeWork Investor Presentation. 11 Oct. 2019, https://www.wework.com/ideas/wp-content/uploads/2019/11/Investor-Presentation%E2%80%94October-2019.pdf. Slide 6. Accessed 30 Apr. 2024.

19. Huet, Ellen. "WeWork Offices Are Now Just as Full as They Were before the Pandemic." *Bloomberg*, 4 Aug. 2022, https://www.bloomberg.com/news/articles/2022-08-04/wework-we-earnings-occupancy-rate-matches-pre-pandemic-level. Accessed 30 Apr. 2024.

20. Perez, Sarah. "Hopper's New Travel App Tells You the Best Time to Fly." *TechCrunch*, 28 Jan. 2015, https://techcrunch.com/2015/01/28/hoppers-new-travel-app-tells-you-the-best-time-to-fly/. Accessed 30 Apr. 2024.

21. Hinchliffe, Emma. "Hopper Raises $62 Million in Its Bid to Take over Travel." *Mashable*, 15 Dec. 2016, https://mashable.com/article/hopper-travel-app-series-c. Accessed 30 Apr. 2024.

22. Hoefling, Brian. "Hopper Aiming for More Transparent Travel

Search." *Boston Business Journal*, 5 Oct. 2024, https://www.bizjournals.com/boston/blog/startups/2014/10/hopper-aiming-for-more-transparent-travel-search.html. Accessed 30 Apr. 2024.

23. Schaal, Dennis. "Exclusive: Expedia Terminates Its Hopper Relationship, Says It 'Exploits Consumer Anxiety.'" *Skift*, 12 July 2023, https://skift.com/2023/07/12/exclusive-expedia-terminates-its-hopper-relationship-says-it-exploits-consumer-anxiety/. Accessed 30 Apr. 2024.
24. Schaal, Dennis. "Exclusive: Hopper Terminates Booking.com Partnership in Preemptive Strike." *Skift*, 6 Oct. 2023, https://skift.com/2023/10/06/exclusive-hopper-terminates-booking-com-partnership-in-preemptive-strike/. Accessed 30 Apr. 2024.
25. 布魯斯・格林沃德（Bruce C. Greenwald）、裘德・康恩（Judd Kahn）、保羅・桑金（Paul D. Sonkin）、麥可・馮比耶瑪（Michael Van Biema），《21世紀價值投資：從葛拉漢到巴菲特的價值投資策略》（*Value Investing: From Graham to Buffett and Beyond*），寰宇，2019年9月12日。
26. Hu, Krystal. "ChatGPT Sets Record for Fastest-Growing User Base." *Reuters*, 2 Feb. 2023, https://www.reuters.com/technology/chatgpt-sets-record-fastest-growing-user-base-analyst-note-2023-02-01/. Accessed 30 Apr. 2024.
27. Vaswani, Ashish, et al. "Attention Is All You Need.", 12 June 2017, https://arxiv.org/abs/1706.03762.
28. Patel, Dylan, and Afzal Ahmad. "Google 'We Have No Moat, siliconned 200 and Neither Does OpenAI.'" SemiAnalysis, 4 May

2023, https://www.semianalysis.com/p/google-we-have-no-moat-and-neither. Accessed 30 Apr. 2024.

29. 彼得·提爾（Peter Thiel）、布雷克·馬斯特（Blake Masters），《從0到1：打開世界運作的未知祕密，在意想不到之處發現價值》（*Zero to One: Notes on Startups, or How to Build the Future*），天下雜誌，2014年10月7日。

30. Corbishley, Chris. "Does Your Startup Pass the 10x Test?", 24 Apr. 2019, https://www.linkedin.com/pulse/does-your-startup-pass-10x-test-chris-corbishley-macbain/. Accessed 30 Apr. 2024.

31. Vincent, James. "Meta's Powerful AI Language Model Has Leaked Online — What Happens Now?" *The Verge*, 8 Mar. 2023, https://www.theverge.com/2023/3/8/23629362/meta-ai-language-model-llama-leak-online-misuse. Accessed 30 Apr. 2024.

32. Shazeer, Noam M., et al. "Attention-Based Sequence Transduction Neural Networks." US Patent, 28 June 2018, https://patents.google.com/patent/US10452978B2/en.

33. 例如：漢米爾頓·海爾默（Hamilton Helmer），《7大市場力量：商業策略的基礎》（*7 Powers: The Foundations of Business Strategy*），商業周刊，2022年1月13日。

34. 彼得·提爾（Peter Thiel）、布雷克·馬斯特（Blake Masters），《從0到1：打開世界運作的未知祕密，在意想不到之處發現價值》（*Zero to One: Notes on Startups, or How to Build the Future*），天下雜誌，2014年10月7日。

35. 布魯斯·格林沃德（Bruce C. Greenwald）、裘德·康恩（Judd Kahn），《價值投資大師眼中的商業賽局：用投資人思維，看可長久發展的企業競爭優勢》（*Competition Demystified: A Radically Simplified Approach to Business Strategy*），樂金文化，2024 年 10 月 11 日。

36. 同上。
37. Fowler, Geoffrey A. "Google Spent $26 Billion to Hide This Phone Setting from You." *Washington Post*, 8 Nov. 2023, https://www.washingtonpost.com/technology/2023/11/08/google-search-default-iphone-samsung/. Accessed 30 Apr. 2024.
38. Pierce, David. "Google Paid a Whopping $26.3 Billion in 2021 to Be the Default Search Engine Everywhere." *The Verge*, 27 Oct. 2023,https://www.theverge.com/2023/10/27/23934961/google-antitrust-trial-defaults-search-deal-26-3-billion. Accessed 30 Apr. 2024.
39. Dodds, Io. "Is WeWork the Office of the Future – or an Overvalued Confidence Trick?" *The Telegraph*, 15 Aug. 2019, https://www.telegraph.co.uk/technology/2019/08/15/47bn-wework-office-future-overvalued-confidence-trick/. Accessed 30 Apr. 2024. notes
40. 布魯斯・格林沃德（Bruce C. Greenwald）、裘德・康恩（Judd Kahn）、保羅・桑金（Paul D. Sonkin）、麥可・馮比耶瑪（Michael Van Biema），《21 世紀價值投資：從葛拉漢到巴菲特的價值投資策略》（*Value Investing: From Graham to Buffett and Beyond*），寰宇，2019 年 9 月 12 日，第 5 章。
41. 漢米爾頓・海爾默（Hamilton Helmer），《7 大市場力量：商業策略的基礎》（*7 Powers: The Foundations of Business Strategy*），

商業周刊，2022 年 1 月 13 日。

42. 布魯斯・格林沃德（Bruce C. Greenwald）、裘德・康恩（Judd Kahn）、保羅・桑金（Paul D. Sonkin）、麥可・馮比耶瑪（Michael Van Biema），《21 世紀價值投資：從葛拉漢到巴菲特的價值投資策略》（*Value Investing: From Graham to Buffett and Beyond*），寰宇，2019 年 9 月 12 日，第 6 章。

第 3 章

1. Flickinger, Mark. “Venture Capital Fundamentals: Why vc Is a Driving Force of Innovation.” *Forbes*, 29 Mar. 2023, https://www.forbes.com/sites/markflickinger/2023/03/29/venture-capital-fundamentals-why-vc-is-a-driving-force-of-innovation/. Accessed 30 Apr. 2024.
2. “Charlie Munger (Podcast Transcript).” *Acquired*, 29 Oct. 2023, https://www.acquired.fm/episodes/charlie-munger. Accessed 30 Apr. 2024.
3. Gornall, Will, and Ilya A. Strebulaev. “Squaring Venture Capital Valuations with Reality.” *NBER Working Papers*, Oct. 2017, https://www.nber.org/system/files/working_papers/w23895/w23895.pdf.
4. Laine, Markus and Torstila, Sami (2005) “The Exit Rates of Liquidated Venture Capital Funds.” *Journal of Entrepreneurial Finance and Business Ventures*. DOI: https://doi.org/10.57229/2373-1761.1225.
5. Silber, Jordan. “What You Need to Know about Erisa and Accepting Capital Commitments from ‘Benefit Plan’ Investors.”

TheFundLawyer, 9 Mar. 2018, https://thefundlawyer.cooley.com/erisa-capital-commitments-benefit-plan-investors/. Accessed 30 Apr. 2024.

6. Wilson, Fred. "What Is a Good Venture Return?" AVC, 20 Mar. 2009, https://avc.com/2009/03/what-is-a-good-venture-return/. Accessed 30 Apr. 2024.
7. 例 如：https://www.officialdata.org/us/stocks/s-p-500/1957?amount=100&endYear=2023. 以每年 10.26% 計算，五年期的總複利報酬率為 1.6 倍（1.1^5≅1.6）。
8. Wilson, Fred. "What Is a Good Venture Return?" AVC, 20 Mar. 2009, https://avc.com/2009/03/what-is-a-good-venture-return/. Accessed 30 Apr. 2024.
9. Gutman, Collin. "Explaining vc Math: Is Your Idea Big Enough?" 24 July 2019, https://medium.com/@collinhgutman/explaining-vc-math-is-your-idea-big-enough-5079390ae788. Accessed 30 Apr. 2024.
10. Taulli, Tom. "Pitching a VC: How to Size the Market Opportunity." *Forbes*, 1 June 2019, https://www.forbes.com/sites/tomtaulli/2019/01/06/pitching-a-vc-how-to-size-the-market-opportunity/. Accessed 30 Apr. 2024.
11. 彼得‧提爾（Peter Thiel）、布雷克‧馬斯特（Blake Masters），《從 0 到 1：打開世界運作的未知祕密，在意想不到之處發現價值》（*Zero to One: Notes on Startups, or How to Build the Future*），天下雜誌，2014 年 10 月 7 日，第 7 章。
12. Evans, Benedict. *In Praise of Failure*. 10 Aug. 2016, https://www.

ben-evans.com/benedictevans/2016/4/28/winning-and-losing. Accessed 30 Apr. 2024.

13. Grimes, Ann. “Venture Capitalists ScrambleTo Keep Their Numbers Secret.” *Wall Street Journal*, 11 May 2004, https://www.wsj.com/articles/SB108422642755407319. Accessed 30 Apr. 2024.
14. Cambridge Associates. *US Venture Capital, Index and Selected Benchmark Statistics*. 30 June 2020, https://www.cambridgeassociates.com/wp-content/uploads/2020/11/WEB-2020-Q2-USVC-Benchmark-Book.pdf. Accessed 30 Apr. 2024.
15. Harris, Robert S., et al. “Has Persistence Persisted in Private Equity? Evidence from Buyout and Venture Capital Funds.” *Journal of Corporate Finance*, Feb. 2023, https://doi.org/10.1016/j.jcorpfin.2023.102361.
16. Prencipe, Dario. *The European Venture Capital Landscape: An EIF Perspective, Volume III: Liquidity Events and Returns of EIF-Backed VC Investments*. Apr. 2017, https://www.fi-compass.eu/sites/default/files/publications/eif_wp_41.pdf. Accessed 30 Apr. 2024.
17. Coats, David. *Venture Capital — No, We're Not Normal*. 11 Sept. 2019, https://medium.com/correlation-ventures/venture-capital-no-were-not-normal-32a26edea7c7. Accessed 1 May 2024.
18. 我們知道報酬的範圍介於0倍到1倍。有人認為，在多數情況下，報酬可能接近0倍而非1倍。請見：https://www.sethlevine.com/archives/2014/08/venture-outcomes-are- even-more-skewed-than-you-think.html.

19. Hinduja, Karam. "The Venture-Capital Bubble Is Going to Burst." *Barron's*, 20 Mar. 2019, https://www.barrons.com/articles/the-vc-bubble-is-going-to-burst-51553077853. Accessed 30 Apr. 2024.
20. FMVA, Fredrick D. Scott. "Why Power Law Portfolio Construction Will Always Be Dead on Arrival in the Venture Capital Industry." *Entrepreneur*, 3 June 2022, https://www.entrepreneur.com/money-finance/why-power-law-portfolio-construction-will-always-be-dead-on/426811. Accessed 30 Apr. 2024.
21. Farha, Dany. "Understanding the vc Business Model." *Entrepreneur*, 29 May 2016, https://www.entrepreneur.com/en-ae/finance/understanding-the-vc-business-model/276639. Accessed 30 Apr. 2024.
22. Harris, Robert S., et al. "Has Persistence Persisted in Private Equity? Evidence from Buyout and Venture Capital Funds." *Journal of Corporate Finance*, Feb. 2023, https://doi.org/10.1016/j.jcorpfin.2023.102361.
23. Harris, Robert S., et al. "Has Persistence Persisted in Private Equity? Evidence from Buyout and Venture Capital Funds." *Journal of Corporate Finance*, Feb. 2023, https://doi.org/10.1016/j.jcorpfin.2023.102361.
24. Nanda, Ramana, et al. "The Persistent Effect of Initial Success: Evidence from Venture Capital." *Journal of Financial Economics*, vol. 137, no. 1, Feb. 2020, https://doi.org/10.1016/j.jfineco.2020.01.004.
25. Mulcahy, Diane, et al. *We Have Met the Enemy...and He Is*

Us: Lessons from Twenty Years of the Kauffman Foundation's Investments in Venture Capital Funds and the Triumph of Hope over Experience. May 2012, https://doi.org/10.2139/ssrn.2053258. 第28頁。

26. Newcomer, Eric, and Jessica Matthews. "Inside Andreessen Horowitz's Grand Plans to Scale Its Venture Capital Firm into a Behemoth and Conquer the Globe." *Fortune*, 23 Nov. 2022, https://fortune.com/longform/andreessen-horowitz-beyond-silicon-valley/. Accessed 30 Apr. 2024.

27. 請見：

a) Sender, Henny. "Sequoia Capital Closes First Round on $8bn Global Fund." *Financial Times*, 26 June 2018, https://www.ft.com/content/2fd281f2-775a-11e8-8e67-1e1a0846c475. Accessed 30 Apr. 2024.

b) Clark, Kate, and Jonathan Shieber. "Setting Politics Aside, Sequoia Raises $3.4 Billion for US and China Investments." *TechCrunch*, 4 Dec. 2019, https://techcrunch.com/2019/12/03/setting-politics-aside-sequoia-raises-3-4-billion-for-us-and-china-investments/. Accessed 30 Apr. 2024.

c) *TechCrunch*, 4 Dec. 2019, https://techcrunch.com/2019/12/03/setting-politics-aside-sequoia-raises-3-4-billion-for-us-and-china-investments/. Accessed 30 Apr. 2024.

d) Louch, Yuliya Chernova and William. "Sequoia Capital Is in No Rush to Spend $8 Billion Fund." *Wall Street Journal*, 10 Jan. 2020, https://www.wsj.com/articles/sequoia-is-in-no-rush-to-spend-8-

billion-fund-11578654000. Accessed 30 Apr. 2024.

e) Chen, Lulu Yilun. “Sequoia China Raises $9 Billion as Investors Flock to Big Funds.” *Bloomberg*, 5 July 2022, https://www.bloomberg.com/news/articles/2022-07-05/sequoia-china-raises-9-billion-as-investors-flock-to-big-funds. Accessed 30 Apr. 2024.

28. 布萊德・費爾德（Brad Feld）、傑生・孟德森（Jason Mendelson），《創業投資聖經：Startup 募資、天使投資人、投資契約、談判策略全方位教戰法則》（*Venture Deals: Be Smarter than Your Lawyer and Venture Capitalist*），野人，2021 年 9 月 29 日。

29. Zweig, Jason. “A Fireside Chat with Charlie Munger.” *Wall Street Journal*, 12 Sept. 2014, https://www.wsj.com/articles/BL-MBB-26843. Accessed 30 Apr. 2024.

30. Mulcahy, Diane, et al. *We Have Met the Enemy…and He Is Us: Lessons from Twenty Years of the Kauffman Foundation's Investments in Venture Capital Funds and the Triumph of Hope over Experience*. May 2012, https://doi.org/10.2139/ssrn.2053258. 第 4 頁。

31. Newcomer, Eric, and Jessica Matthews. “Inside Andreessen Horowitz's Grand Plans to Scale Its Venture Capital Firm into a Behemoth and Conquer the Globe.” *Fortune*, 23 Nov. 2022, https://fortune.com/longform/andreessen-horowitz-beyond-silicon-valley/. Accessed 30 Apr. 2024.

32. Litvak, Kate “Venture Capital Limited Partnership Agreements: Understanding Compensation Arrangements,” *University of*

Chicago Law Review: Vol. 76: Iss. 1, Article 7, 2009. 請見：https://chicagounbound.uchicago.edu/uclrev/vol76/iss1/7.

33. Palihapitiya, Chamath. "2018 Annual Letter." Social Capital, 2018, https://www.socialcapital.com/ideas/2018-annual-letter. Accessed 30 Apr. 2024.
34. Mulcahy, Diane, et al. *We Have Met the Enemy…and He Is Us: Lessons from Twenty Years of the Kauffman Foundation's Investments in Venture Capital Funds and the Triumph of Hope over Experience.* May 2012, https://doi.org/10.2139/ssrn.2053258. 第 34 頁。
35. Brown, Gregory W., et al. "Do Private Equity Funds Manipulate Reported Returns?" *Journal of Financial Economics*, vol. 132, no. 2, May 2019, https://doi.org/10.1016/j.jfineco.2018.10.011. 第 267 頁到第 297 頁。
36. Kupor, Scott. "When Is a 'Mark' Not a Mark? When It's a Venture Capital Mark." Andreessen Horowitz, 1 Sept. 2016,https://a16z.com/when-is-a-mark-not-a-mark-when-its-a-venture-capital-mark/. Accessed 30 Apr. 2024.
37. Bradbury, Rosie. "Down Rounds Are Rising. History Shows Things Could Get Much Worse." PitchBook, 25 Sept. 2023, https://pitchbook.com/news/articles/down-rounds-venture-fundraising-vc-deals-recession. Accessed 30 Apr. 2024.
38. Palihapitiya, Chamath. "2018 Annual Letter." Social Capital, 2018, https://www.socialcapital.com/ideas/2018-annual-letter. Accessed 30 Apr. 2024.

39. 假設創投基金在五年後以 2.5 倍的報酬退出兩項新創投資，內部報酬率為 20%。若創投基金提前退出兩家新創公司中的一家，只花三年時間，內部報酬率就是 33%。

40. Mulcahy, Diane, et al. *We Have Met the Enemy…and He Is Us: Lessons from Twenty Years of the Kauffman Foundation's Investments in Venture Capital Funds and the Triumph of Hope over Experience*. May 2012, https://doi.org/10.2139/ssrn.2053258. 第 4 頁。

41. Phalippou, Ludovic. "An Inconvenient Fact: Private Equity Returns & the Billionaire Factory." *University of Oxford, Said Business School, Working Paper*, 2020, https://doi.org/10.2139/ssrn.3623820.

42. Bogan, Vicki. *The Greater Fool Theory: What Is It?* http://bogan.siliconned206dyson.cornell.edu/doc/Hartford/Bogan-9_GreaterFools.pdf. Accessed 30 Apr. 2024.

43. Hinduja, Karam. "The Venture-Capital Bubble Is Going to Burst." *Barron's*, 20 Mar. 2019, https://www.barrons.com/articles/the-vc-bubble-is-going-to-burst-51553077853. Accessed 30 Apr.

44. Kar, Ayushi. "Start-up Funding Becoming like a Ponzi Scheme: Narayana Murthy." *BusinessLine*, 2 Mar. 2023, https://www.thehindubusinessline.com/companies/start-up-funding-becoming-like-a-ponzi-scheme-narayana-murthy/article66572578.ece. Accessed 30 Apr. 2024.

45. Sheik, Sherwin. "The Displacement of Tom Perkins with the Greater Fool Theory." *HuffPost*, 17 June 2016, https://www.huffpost.com/entry/the-displacement-of-tom-p_b_10517774.

Accessed 30 Apr. 2024.

46. Fisher, Adam. "Sam Bankman-Fried Has a Savior Complex—and Maybe You Should Too." Sequoia, 22 Sept. 2022, https://web.archive.org/web/20221027181005/https:/www.sequoiacap.com/article/sam-bankman-fried-spotlight/.

47. Allyn, Bobby. "The Elizabeth Holmes Trial Is Sparking a Gender Debate in Silicon Valley." NPR, 24 Sept. 2021, https://www.npr.org/2021/09/24/1040353540/the-elizabeth-holmes-trial-is-sparking-a-gender-debate. Accessed 1 May 2024.

48. Gurley, Bill. "In Defense of the Deck." *Above the Crowd*, 7 July 2015, https://abovethecrowd.com/2015/07/07/in-defense-of-the-deck/. Accessed 1 May 2024.

49. Nitasha Tiku. "WeWork Used These Documents to Convince Investors It's Worth Billions." *BuzzFeed News*, 9 Oct. 2015, https://www.buzzfeednews.com/article/nitashatiku/how-wework-convinced-investors-its-worth-billions. Accessed 1 May 2024.

50. Sorkin, Andrew Ross. "Adam Neumann's New Company Gets a Big Check from Andreessen Horowitz." *The New York Times*, 15 Aug. 2022,https://www.nytimes.com/2022/08/15/business/dealbook/adam-neumann-wework-startup.html. Accessed 1 May 2024.

51. Andreessen, Marc. "Investing in Flow." Andreessen Horowitz, 15 Aug. 2022, https://a16z.com/announcement/investing-in-flow/. Accessed 1 May 2024.

52. Hinduja, Karam. "The Venture-Capital Bubble Is Going to Burst."

Barron's, 20 Mar. 2019, https://www.barrons.com/articles/the-vc-bubble-is-going-to-burst-51553077853. Accessed 30 Apr. 2024.

53. Lopez, Linette. "AI Is Silicon Valley's Desperate, Last-Ditch Attempt to Avoid a Stock Market Wipeout." *Business Insider*, 7 May 2023, https://www.businessinsider.com/ai-technology-chatgpt-silicon-valley-save-business-stock-market-jobs-2023-5. Accessed 1 May 2024.
54. Masters, Brooke. "Doesn't Anyone Do Due Diligence Any More?" *Financial Times*, 30 Nov. 2022, https://www.ft.com/content/e739d9ed-b8ee-4d8e-ad29-0d01889d5775. Accessed 30 Apr.
55. Mulcahy, Diane, et al. *We Have Met the Enemy…and He Is Us: Lessons from Twenty Years of the Kauffman Foundation's Investments in Venture Capital Funds and the Triumph of Hope over Experience*. May 2012, https://doi.org/10.2139/ssrn.2053258. 第 16 頁。
56. Palihapitiya, Chamath. "2018 Annual Letter." Social Capital, 2018, https://www.socialcapital.com/ideas/2018-annual-letter. Accessed 30 Apr. 2024.

第 4 章

1. Wigglesworth, Robin. "ZIRP: Good, Actually!" *Financial Times*, 19 Sept. 2023, https://www.ft.com/content/77b98af7-4089-4d1e-9eb1-e42053813aa2. Accessed 1 May 2024.
2. Joyce, Michael et al. "The United Kingdom's Quantitative Easing Policy: Design, Operation and Impact." *Bank of England Quarterly*

Bulletin, 19 Sept. 2011, https://ssrn.com/abstract=1933696.

3. Gagnon, Joseph, et al. "The Financial Market Effects of the Federal Reserve's Large-Scale Asset Purchases." *International Journal of Central Banking*, 2011, https://www.ijcb.org/journal/ijcb11q1a1.pdf.
4. Adrian, Tobias (speech by). First Annual Bank of England Agenda for Research (BEAR) Conference: The Monetary Toolkit. 24 Feb. 2022, https://www.imf.org/-/media/Files/News/Speech/2022/sp-022422-first-annual-bank-of-england-agenda-for-research-conference.ashx. Accessed 30 Apr. 2024.
5. Adrian, Tobias. "'Low for Long' and Risk-Taking." IMF, 24 Nov. 2020, https://www.imf.org/en/Publications/Departmental-Papers-Policy-Papers/Issues/2020/11/23/Low-for-Long-and-Risk-Taking-49733.Accessed 1 May 2024.
6. "Quantitative Easing: A Dangerous Addiction?" House of Lords, Economic Affairs Committee, 16 July 2021, https://committees.parliament.uk/publications/6725/documents/71894/default/. Accessed 1 May 2024.
7. 滙豐銀行在聯準會的帳戶餘額將增加與退休基金在滙豐銀行餘額相同的金額，過程涉及仲介機構，例如債券經紀商。請見：Wang, Joseph. "Quantitative Easing Step-By-Step." FedGuy.com, 19 Sept. 2020, https://fedguy.com/quantitative-easing-step-by-step/. Accessed 1 May 2024.
8. Board of Governors of the Federal Reserve System (US), Demand Deposits [DEMDEPNS]. https://fred.stlouisfed.org/

graph/?g=1o1kE.

9. Castro, Andrew, et al. "Understanding Bank Deposit Growth during the COVID-19 Pandemic." Federal Reserve, June 2022, https://www.federalreserve.gov/econres/notes/feds-notes/understanding-bank-deposit-growth-during-the-covid-19-pandemic-20220603.html. Accessed 1 May 2024.
10. 克里斯多福·倫納德（Christopher Leonard），《撒錢之王：聯準會如何崩壞美國經濟，第一部 FED 決策內情報告》（*The Lords of Easy Money: How the Federal Reserve Broke the American Economy*），麥田，2023 年 4 月 1 日，第 3 章。
11. Doherty, Brian et al. "Whatever Happened to Inflation?" *Reason*, 30 Nov. 2014, https://reason.com/2014/11/30/whatever-happened-to-inflation/. Accessed 1 May 2024.
12. Lopez, German. "Inflation and Price Gouging." *The New York Times*, 14 June 2022, https://www.nytimes.com/2022/06/14/briefing/inflation-supply-chain-greedflation.html. Accessed 1 May 2024.
13. Conway, Ed. "Cost of Living: Bank of England Shares Responsibility for Crisis, Former Governor Says." *Sky News*, 20 May 2022, https://news.sky.com/story/cost-of-living-bank-of-england-shares-responsibility-for-crisis-former-governor-says-12617190. Accessed 1 May 2024.
14. Goodwin, Tom. "The Battle Is for the Customer Interface." *TechCrunch*, 3 Mar. 2015, https://techcrunch.com/2015/03/03/in-the-age-of-disintermediation-the-battle-is-all-for-the-customer-

interface/. Accessed 1 May 2024.

15. Hern, Alex. "TechScape: The End of the 'Free Money' Era." *The Guardian*, 11 Apr. 2023, https://www.theguardian.com/technology/2023/apr/11/techscape-zirp-tech-boom. Accessed 1 May 2024.
16. Masters, Brooke. "Doesn't Anyone Do Due Diligence Any More?" *Financial Times*, 30 Nov. 2022, https://www.ft.com/content/e739d9ed-b8ee-4d8e-ad29-0d01889d5775. Accessed 30 Apr. 2024.
17. Mims, Christopher. "After a Sugar High of Free Money, These Billion-Dollar Technologies Need a Nap." *Wall Street Journal*, 11 Jan. 2024, https://www.wsj.com/tech/personal-tech/after-a-sugar-high-of-free-money-these-billion-dollar-technologies-need-a-nap-dc4c4b20. Accessed 1 May 2024.
18. Goswami, Rohan. "Startup Bubble Fueled by Fed's Cheap Money Policy Finally Burst in 2023." CNBC, 28 Dec. 2023, https://www.cnbc.com/2023/12/28/startup-bubble-fueled-by-fed-cheap-money-policy-finally-burst-in-2023.html. Accessed 1 May 2024.
19. Maloney, Tom et al. "SVB's Loans Underpinned Venture Capital Boom That's Now Busting." *Bloomberg*, 22 Mar. 2023, https://www.bloomberg.com/news/articles/2023-03-22/svb-s-loans-underpinned-venture-capital-boom-that-s-now-busting. Accessed 1 May 2024.
20. Hu, Krystal. "Venture Capital Funding Plunges Globally in First Half despite AI Frenzy." *Reuters*, 6 July 2023, https://www.reuters.com/business/finance/venture-capital-funding-plunges-globally-

first-half-despite-ai-frenzy-2023-07-06/. Accessed 1 May 2024.

21. O'Brien, Amy, and Tim Smith. "SVB: Why Did so Many UK Startups Only Have One Bank Account?" *Sifted*, 16 Mar. 2023, https://sifted.eu/articles/svb-uk-startups-one-bank-account. Accessed 1 May 2024.

22. "Explainer: What Caused Silicon Valley Bank's Failure?" *Reuters*, 10 Mar. 2023, https://www.reuters.com/business/finance/what-caused-silicon-valley-banks-failure-2023-03-10/. Accessed 1 May 2024.

23. Hammond, George. "US Venture Capital Fundraising Hits a 6-Year Low." *Financial Times*, 5 Jan. 2024, https://www.ft.com/content/cfb186c8-22f4-4a82-b262-f4380a5d82b8. Accessed 1 May 2024.

24. Quinn, William, and John D. Turner. *Boom and Bust*. Cambridge University Press, 2020. 第 7 頁。

25. 例如：

a) Quinn, William, and John D. Turner. *Boom and Bust*. Cambridge University Press, 2020. 第 193 頁。

b) Callahan, Gene, and Roger Garrison. "Does Austrian Business Cycle Theory Help Explain the Dot-Com Boom and Bust?" *The Quarterly Journal of Austrian Economics*, vol. 6, no. 2, July 2003, https://cdn.mises.org/qjae6_2_3.pdf. Accessed 1 May 2024.

26. Quinn, William, and John D. Turner. *Boom and Bust*. Cambridge University Press, 2020. 第 193 頁。

27. 同上。

28. Murphy, Robert P. "My Reply to Krugman on Austrian Business-

Cycle Theory." Mises.org, 24 Jan. 2011, https://mises.org/library/my-reply-krugman-austrian-business-cycle-theory. Accessed 1 May 2024.

29. "NRC - Historical Time Series." US Census Bureau, https://www.census.gov/construction/nrc/data/series.html. Accessed 1 May 2024.
30. Quinn, William, and John D. Turner. *Boom and Bust*. Cambridge University Press, 2020. 第 208 頁。
31. Woodford, Michael. "Convergence in Macroeconomics: Elements of the New Synthesis." *American Economic Journal: Macroeconomics*, vol. 1, no. 1, Jan. 2009, https://doi.org/10.1257/mac.1.1.267. 第 267 頁到第 279 頁。
32. Garrison, Roger W. *Time and Money*. Routledge, 2002.
33. 亨利・赫茲利特（Henry Hazlitt），《一課經濟學》（*Economics in One Lesson: The Shortest & Surest Way to Understand Basic Economics*），經濟新潮社，2023 年 12 月 7 日。
34. Bharathan, Vipin. "The 'Minsky Moment' Drags On: The Financial Instability Hypothesis and Its Lessons." *Forbes*, 6 July 2023, https://www.forbes.com/sites/vipinbharathan/2023/07/06/the-minsky-moment-drags-on-the-financial-instability-hypothesis-and-its-lessons/. Accessed 1 May 2024.
35. Whalen, Charles J. *The US Credit Crunch of 2007: A Minsky Moment*. 2007, https://www.econstor.eu/bitstream/10419/54321/1/557644089.pdf. Accessed 1 May 2024.
36. Lucas, Robert E. "Econometric Policy Evaluation: A Critique." *Carnegie-Rochester Conference Series on Public Policy*, vol. 1,

Jan. 1976, https://doi.org/10.1016/s0167-2231(76)80003-6. 第 19 頁到第 46 頁。

37. "What's a Bubble? (Podcast Transcript)." *Planet Money*, 1 Nov. 2013, https://www.npr.org/sections/money/2013/11/01/242351065/episode-493-whats-a-bubble-nobel-edition. Accessed 1 May 2024.

38. Garrison, Roger W. *Time and Money*. Routledge, 2002. 第 2 章："Meeting the challenge to the Austrian theory."

39. Snowdon, Brian, and Howard R. Vane. *Modern Macroeconomics: Its Origins, Development and Current State*. Edward Elgar, 2014. 請見由 Paul Davidson 撰文的章節。

40. "It Is Difficult to Get a Man to Understand Something When His Salary Depends upon His Not Understanding It." *Quote Investigator*, 30 Nov. 2017, https://quoteinvestigator.com/2017/11/30/salary/. Accessed 1 May 2024.

41. Minsky, Hyman. "The Financial Instability Hypothesis: A Restatement." *Hyman P. Minsky Archive*, Oct. 1978, https://digitalcommons.bard.edu/hm_archive/180/. Accessed 1 May 2024.

42. 例如：

a) Murphy, Robert P. "My Reply to Krugman on Austrian Business-Cycle Theory." Mises.org, 24 Jan. 2011, https://mises.org/library/my-reply-krugman-austrian-business-cycle-theory. Accessed 1 May 2024.

b) Murphy, Robert P. "Rebutting Paul Krugman on the 'Austrian' Pandemic." The Independent Institute, 8 Sept. 2021, https://www.independent.org/news/article.asp?id=13751. Accessed 1 May 2024.

43. Charles, Sébastien. "Is Minsky's Financial Instability Hypothesis Valid?" *Cambridge Journal of Economics*, vol. 40, no. 2, 2016, https://www.jstor.org/stable/24695915. 第 427 頁到第 436 頁。
44. Krugman, Paul. "The Hangover Theory." *Slate*, 4 Dec. 1998, https://slate.com/business/1998/12/the-hangover-theory.html. Accessed 1 May 2024.
45. Keen, Steve. *The New Economics*. John Wiley & Sons, 2021. 第 125 頁。
46. 同上，第 66 頁。
47. 同上，第 135 頁。
48. Mcleay, Michael, et al. "Money Creation in the Modern Economy." *Bank of England Quarterly Bulletin* 2014 Q1, 14 Mar. 2014, https://www.bankofengland.co.uk/-/media/boe/files/quarterly-bulletin/2014/money-creation-in-the-modern-economy. Accessed 1 May 2024.
49. Mcdonald, John F. *Rethinking Macroeconomics a History of Economic Thought Perspective*. London Routledge, 2022, p. 29.
50. Wigglesworth, Robin. "ZIRP: Good, Actually!" *Financial Times*, 19 Sept. 2023, https://www.ft.com/content/77b98af7-4089-4d1e-9eb1-e42053813aa2. Accessed 1 May 2024.
51. Cunningham, Paul, et al. "The Impact of Direct Support to R&D and Innovation in Firms." Nesta, Jan. 2013, https://media.nesta.org.uk/documents/the_impact_of_direct_support_to_rd_and_innovation_in_firms.pdf. Accessed 1 May 2024.
52. Cunningham, Paul, et al. "The Impact of Direct Support to R&D

and Innovation in Firms." Nesta, Jan. 2013, https://media.nesta.org.uk/documents/the_impact_of_direct_support_to_rd_and_innovation_in_firms.pdf. Accessed 1 May 2024. P. 29.

53. "[Withdrawn] Smart Funding: Assessment of Impact and Evaluation of Processes." GOV.UK, 13 Oct. 2015,https://www.gov.uk/government/publications/smart-funding-assessment-of-impact-and-evaluation-of-processes. Accessed 1 May 2024.
54. 報告請見：https://web.archive.org/ web/ 20190725114541/https://assets.publishing.service.gov.uk/government/uploads/system/uploads/attachment_data/file/467204/Smart_Evaluation_-_Final_Final_Report_7_October.Pdf
55. Cunningham, Paul, et al. "The Impact of Direct Support to R&D and Innovation in Firms." Nesta, Jan. 2013, https://media.nesta.org.uk/documents/the_impact_of_direct_support_to_rd_and_innovation_in_firms.pdf. Accessed 1 May 2024.
56. Arnold, Erik, and Martin Wörter. "Evaluation of the Austrian Industrial Research Promotion Fund (FFF) and the Austrian Science Fund (FWF) Synthesis Report Report." ETH Zürich, 2004, https://doi.org/10.3929/ethz-a-004755768. Accessed 1 May 2024. P. 53.
57. 亨利・赫茲利特（Henry Hazlitt），《一課經濟學》（*Economics in One Lesson: The Shortest & Surest Way to Understand Basic Economics*），經濟新潮社，2023 年 12 月 7 日。

第 5 章

1. Pringle, Eleanor. "Google Overhired Talent to Do 'Fake Work' and

Stop Them Working for Rivals, Claims Former PayPal Boss Keith Rabois." *Fortune*, 10 Mar. 2023, https://fortune.com/2023/03/10/google-over-hired-talent-do-nothing-fake-work-stop-working-rivals-former-paypal-boss-keith-rabois/. Accessed 1 May 2024.

2. Kay, Grace. "A Laid-off Meta Worker Says the Company Paid Her to Not Work: They Were 'Hoarding Us like Pokémon Cards.'" *Business Insider*, 14 Mar. 2023, https://www.businessinsider.com/laid-off-meta-employee-says-paid-not-to-work-2023-3. Accessed 1 May 2024.
3. Kay, Hugh Langley, Grace. "Inside the Perverse System of 'Lazy Management' That's Destroying the Tech Industry." *Business Insider*, 10 July 2023, https://www.businessinsider.com/tech-industry-fake-work-problem-bad-managers-bosses-layoffs-jobs-2023-7. Accessed 1 May 2024.
4. Thier, Jane. "The Double Life of a Gen Z Google Software Engineer Earning Six Figures Who Says He Works 1 Hour a Day." *Fortune*, 20 Aug. 2023, https://fortune.com/2023/08/20/gen-z-google-one-hour-workday-2/. Accessed 1 May 2024.
5. Chen, Te-Ping. "These Tech Workers Say They Were Hired to Do Nothing." *Wall Street Journal*, 7 Apr. 2023, https://www.wsj.com/amp/articles/these-tech-workers-say-they-were-hired-to-do-nothing-762ff158. Accessed 1 May 2024.
6. Pringle, Eleanor. "Google Overhired Talent to Do 'Fake Work' and Stop Them Working for Rivals, Claims Former PayPal Boss Keith Rabois." *Fortune*, 10 Mar. 2023, https://fortune.com/2023/03/10/

google-over-hired-talent-do-nothing-fake-work-stop-working-rivals-former-paypal-boss-keith-rabois/. Accessed 1 May 2024.

7. Highsmith, Jim. "History: The Agile Manifesto," 2001, https://agilemanifesto.org/history.html. Accessed 1 May 2024.
8. "Principles behind the Agile Manifesto," 2001, https://agilemanifesto.org/principles.html. Accessed 1 May 2024.
9. Parkinson, Cyril Northcote. "Parkinson's Law." *The Economist*, 19 Nov. 1955, https://www.economist.com/news/1955/11/19/parkinsons-law. Accessed 1 May 2024.
10. 弗瑞德里克・布魯克斯（Frederick Brooks），《人月神話：軟體專案管理之道》（*The Mythical Man-Month*），經濟新潮社，2004 年 4 月 4 日。
11. Cagle, Kurt. "The End of Agile." *Forbes*, 23 Aug. 2019, https://www.forbes.com/sites/cognitiveworld/2019/08/23/the-end-of-agile/. Accessed 1 May 2024.
12. 艾瑞克・萊斯（Eric Ries），《精實創業：用小實驗玩出大事業》（*The Lean Startup*），行人，2017 年 10 月 25 日，前言。
13. Ries, Eric. "Venture Hacks Interview: 'What Is the Minimum Viable Product?'" *Startup Lessons Learned*, 29 Mar. 2009, https://www.startuplessonslearned.com/2009/03/minimum-viable-product.html. Accessed 1 May 2024.
14. Blank, Steve. "Why the Lean Start-up Changes Everything." *Harvard Business Review*, May 2013, https://hbr.org/2013/05/why-the-lean-start-up-changes-everything. Accessed 1 May 2024.
15. Blodget, Henry. "Mark Zuckerberg on Innovation." *Business*

Insider, Oct. 2009, https://www.businessinsider.com/mark-zuckerberg-innovation-2009-10. Accessed 1 May 2024.

16. Ulwick, Tony. https://www.linkedin.com/posts/tonyulwick_which-approach-to-product-innovation-makes-activity-7076901874058047489-W8uW/. Accessed 1 May 2024.

17. 請見：

a) Dowd, Kevin. "Meet Mark Zuckerberg's Harvard Classmate notes (chapter 6: what we can do) 215 Who Is Trying to Build a Global Startup Factory." *Forbes*, 4 May 2022, https://www.forbes.com/ sites/ kevindowd/ 2022/ 05/ 04/ meet- mark- zuckerbergs- harvard-classmate- who- is- trying- to- build- a- global- startup- factory/ . Accessed 1 May 2024.

b) Lewin, Amy. "Entrepreneurs on Acid." *Sifted*, 20 Feb. 2019, https:/ / sifted.eu/ articles/ entrepreneur- first- struggles- at- scale. Accessed 1 May 2024.

18. 請見：

a) "1,000+ Investments from Day Zero." Antler, 19 Dec. 2023, https://www.antler.co/blog/1000-investments-from-day-zero. Accessed 1 May 2024.

b) Nicol-Schwarz, Kai. "In Data: The Entrepreneur First Portfolio." *Sifted*, 16 Sept. 2021, https://sifted.eu/articles/entrepreneur-first-portfolio. Accessed 1 May 2024.

19. Lewin, Amy. "Entrepreneurs on Acid." *Sifted*, 20 Feb. 2019, https://sifted.eu/articles/entrepreneur-first-struggles-at-scale. Accessed 1 May 2024.

20. Kay, Grace. "A Laid-off Meta Worker Says the Company Paid Her to Not Work: They Were 'Hoarding Us like Pokémon Cards.'" *Business Insider*, 14 Mar. 2023, https://www.businessinsider.com/laid-off-meta-employee-says-paid-not-to-work-2023-3. Accessed 1 May 2024.
21. Orlowski, Andrew. "How Idleness at Work Became an Epidemic That Is Wrecking Britain." *The Telegraph*, 7 Apr. 2023, https://www.telegraph.co.uk/technology/2023/04/07/how-idleness-at-work-became-an-epidemic-wrecking-britain/. Accessed 1 May 2024.

第 6 章

1. Wasserman, Noam. "The Founder's Dilemma." *Harvard Business Review*, Feb. 2008, https://hbr.org/2008/02/the-founders-dilemma. Accessed 1 May 2024.
2. Head, Greg. "Mailchimp Is a Bootstrap Unicorn. Why so Little Media Coverage?" Practical Founders, 29 Oct. 2021, https://practicalfounders.com/articles/mailchimp-bootstrap-unicorn-little-media-coverage/. Accessed 1 May 2024.
3. "Safer - a Better Way to Fund Startups." Next Wave, https://nextwave.partners/safer. Accessed 1 May 2024.
4. Mulcahy, Diane, et al. *We Have Met the Enemy…and He Is Us: Lessons from Twenty Years of the Kauffman Foundation's Investments in Venture Capital Funds and the Triumph of Hope over Experience*. May 2012, https://doi.org/10.2139/ssrn.2053258. 第 34 頁。

5. Palihapitiya, Chamath. “2018 Annual Letter.” Social Capital, 2018, https://www.socialcapital.com/ideas/2018-annual-letter. Accessed 30 Apr. 2024.
6. John Maynard Keynes. *The General Theory of Employment, Interest and Money; the Economic Consequences of the Peace*. Wordsworth Editions, 2017. 第 112 頁。
7. 同上，第 112 頁到第 113 頁。
8. 同上，第 278 頁。
9. Gyori, Benjamin Jozef, et al. “Shelf with Integrated Electronics.” US Patent, 19 June 2015, https://patents.google.com/patent/US10064502B1. Accessed 1 May 2024.
10. Cohn, Jonathan Evan. “Ultrasonic Bracelet and Receiver for Detecting Position in 2d Plane.” US Patent, 28 Mar. 2016, https://patents.google.com/patent/US20170278051. Accessed 1 May 2024.
11. “Introducing Amazon Go and the World’s Most Advanced Shopping Technology.” Amazon, YouTube Video, 5 Dec. 2016, https://www.youtube.com/watch?v=NrmMk1Myrxc. Accessed 1 May 2024.
12. Natt Garun. “Amazon Just Launched a Cashier-Free Convenience Store.” *The Verge*, 5 Dec. 2016, https://www.theverge.com/2016/12/5/13842592/amazon-go-new-cashier-less-convenience-store. Accessed 1 May 2024.
13. Kastrenakes, Jacob. “Amazon’s Cashier-Free Store Reportedly Breaks If More than 20 People Are in It.” *The Verge*, 27 Mar. 2017, https://www.theverge.com/2017/3/27/15073468/amazon-go-shopper-tracking-store-opening-delay. Accessed 1 May 2024.

14. Soper, Spencer. "Bloomberg - Are You a Robot?" *Bloomberg*, 19 Sept. 2018, https://www.bloomberg.com/news/articles/2018-09-19/amazon-is-said-to-plan-up-to-3-000-cashierless-stores-by-2021. Accessed 1 May 2024.
15. Grant, Katie. "Amazon Fresh's Futuristic Cashierless Stores Fail to Compete with Tesco and Aldi." *inews*, 26 Jan. 2023, https://inews.co.uk/news/consumer/amazon-fresh-stores-fail-compete-tesco-aldi-2108847. Accessed 1 May 2024.
16. Singh, Rimjhim. "Amazon's 'Just Walk Out' Checkout Tech Was Powered by 1,000 Indian Workers." *Business Standard*, 4 Apr. 2024, https://www.business-standard.com/companies/news/amazon-s-just-walk-out-checkout-tech-was-powered-by-1-000-indian-workers-124040400463_1.html. Accessed 1 May 2024.
17. "Amazon's 'Just Walk Out' Pivot: Reimagining Tech." *PYMNTS*, 8 Apr. 2024, https://www.pymnts.com/amazon/2024/amazons-just-walk-out-pivot-reimagining-tech/. Accessed 1 May 2024.
18. Palmer, Annie. "Amazon Ditches Cashierless Checkout System at Its Grocery Stores." CNBC, 3 Apr. 2024, https://www.cnbc.com/2024/04/03/amazon-ditches-cashierless-checkout-system-at-its-grocery-stores.html. Accessed 1 May 2024.
19. Kniberg, Henrik, and Anders Ivarsson. "Scaling Agile @ Spotify with Tribes, Squads, Chapters & Guilds." *Crips's Blog*, Oct. 2012, https://blog.crisp.se/wp-content/uploads/2012/11/SpotifyScaling.pdf. Accessed 1 May 2024.
20. Ulrickk, Tony. https://www.linkedin.com/posts/tonyulwick_

when-companies-get-innovation-wrong-its-activity-7066382368256733185-BF61. Accessed 1 May 2024.

結語

1. Denker, John S. *See How It Flies*. https://www.av8n.com/how/. Accessed 1 May 2024.

新商業周刊叢書BW0863

科技泡沫

熱潮背後是機會還是炒作？教你識破下一個投資陷阱

原文書名／Siliconned: How the Tech Industry Solves Fake Problems, Hoards Idle Workers, and Makes Doomed Bets with Other People's Money
作　　者／伊曼紐・馬喬里（Emmanuel Maggiori）
譯　　者／謝明珊
企劃選書／黃鈺雯
責任編輯／鄭宇涵
版　　權／吳亭儀、江欣瑜、顏慧儀、游晨瑋
行銷業務／周佑潔、林秀津、林詩富、吳藝佳、吳淑華

總 編 輯／陳美靜
總 經 理／彭之琬
事業群總經理／黃淑貞
發 行 人／何飛鵬
法律顧問／元禾法律事務所　王子文律師
出　　版／商周出版　115台北市南港區昆陽街16號4樓
電話：(02) 2500-7008　傳真：(02) 2500-7579
E-mail：bwp.service@cite.com.tw
發　　行／英屬蓋曼群島商家庭傳媒股份有限公司　城邦分公司
115台北市南港區昆陽街16號8樓
電話：(02) 2500-0888　傳真：(02) 2500-1938
讀者服務專線：0800-020-299　24小時傳真服務：(02) 2517-0999
讀者服務信箱：service@readingclub.com.tw
劃撥帳號：19833503
戶名：英屬蓋曼群島商家庭傳媒股份有限公司城邦分公司
香港發行所／城邦（香港）出版集團有限公司
香港九龍土瓜灣土瓜灣道86號順聯工業大廈6樓A室
電話：(852) 2508-6231　傳真：(852) 2578-9337
E-mail：hkcite@biznetvigator.com
馬新發行所／城邦（馬新）出版集團 Cite (M) Sdn Bhd
41, Jalan Radin Anum, Bandar Baru Sri Petaling, 57000 Kuala Lumpur, Malaysia.
電話：(603) 9056-3833 傳真：(603) 9057-6622
E-mail：services@cite.my

封面設計／FE設計 葉馥儀　內文設計排版／唯翔工作室　印　刷／鴻霖印刷傳媒股份有限公司
經 銷 商／聯合發行股份有限公司　電話：(02) 2917-8022　傳真：(02) 2911-0053
地址：新北市231新店區寶橋路235巷6弄6號2樓

ISBN／978-626-390-404-0（紙本）　978-626-390-403-3（EPUB）
定價／380元（紙本）　265元（EPUB）

城邦讀書花園
www.cite.com.tw

2025年2月初版

國家圖書館出版品預行編目(CIP)數據

科技泡沫：熱潮背後是機會還是炒作？教你識破下一個投資陷阱／伊曼紐.馬喬里(Emmanuel Maggiori)著；謝明珊譯. -- 初版. -- 臺北市：商周出版：英屬蓋曼群島商家庭傳媒股份有限公司城邦分公司發行, 2025.02
　面；　公分. --(新商業周刊叢書；BW0863)
譯自：Siliconned : how the tech industry solves fake problems, hoards idle workers, and makes doomed bets with other people's money

ISBN 978-626-390-404-0(平裝)

1.CST：科技業　2.CST：網路產業　3.CST：產業發展

484.67　　113019784